百年大计　教育为本

CAD/CAM 软件应用技术

主　编　朱新民　单艳芬
副主编　高　巍　曹　敏
主　审　李友节

北京理工大学出版社
BEIJING INSTITUTE OF TECHNOLOGY PRESS

内容提要

本书选择 UG NX 12.0 软件，采用任务驱动、项目式教学的编写方式，将教学内容设计为五个项目，即项目一"鲁班锁的绘制"；项目二"虎钳的制作"；项目三"可乐瓶底凸模的加工"；项目四"游戏手柄上壳的模具设计"；项目五"3D 打印"。

本书操作任务典型，实例丰富，应用性强，具有很强的指导性和可操作性，突出培养学生对所学知识的应用能力。学生学习完教程能迅速运用所学知识，处理实际的造型设计任务，完成建模、工程图绘制、虚拟装配、模具设计等，并能利用数控铣床或者加工中心完成零件的编程加工。

本书可作为高等职业院校、中等职业学校机电、数控、机械类专业的专业课教学用书，适合第四或第五学期使用；同时，本书也可供从事机械设计及相关行业的人员学习和参考。

版权专有　侵权必究

图书在版编目（CIP）数据

CAD/CAM 软件应用技术／朱新民，单艳芬主编. —北京：北京理工大学出版社，2019.12（2022.1 重印）
ISBN 978-7-5682-8050-1

Ⅰ.①C… Ⅱ.①朱… ②单… Ⅲ.①计算机辅助设计–应用软件②计算机辅助制造–应用软件 Ⅳ.①TP391.7

中国版本图书馆 CIP 数据核字（2020）第 000707 号

出版发行／北京理工大学出版社有限责任公司
社　　址／北京市海淀区中关村南大街 5 号
邮　　编／100081
电　　话／(010) 68914775（总编室）
　　　　　(010) 82562903（教材售后服务热线）
　　　　　(010) 68948351（其他图书服务热线）
网　　址／http://www.bitpress.com.cn
经　　销／全国各地新华书店
印　　刷／唐山富达印务有限公司
开　　本／787 毫米 × 1092 毫米　1/16
印　　张／15.25　　　　　　　　　　　　　　　责任编辑／梁铜华
字　　数／358 千字　　　　　　　　　　　　　　文案编辑／梁铜华
版　　次／2019 年 12 月第 1 版　2022 年 1 月第 3 次印刷　责任校对／周瑞红
定　　价／39.00 元　　　　　　　　　　　　　　责任印制／李志强

图书出现印装质量问题，请拨打售后服务热线，本社负责调换

江苏联合职业技术学院院本教材出版说明

江苏联合职业技术学院成立以来，坚持以服务经济社会发展为宗旨、以促进就业为导向的职业教育办学方针，紧紧围绕江苏经济社会发展对高素质技术技能型人才的迫切需要，充分发挥"小学院、大学校"办学管理体制创新优势，依托学院教学指导委员会和专业协作委员会，积极推进校企合作、产教融合，积极探索五年制高职教育教学规律和高素质技术技能型人才成长规律，培养了一大批能够适应地方经济社会发展需要的高素质技术技能型人才，形成了颇具江苏特色的五年制高职教育人才培养模式，实现了五年制高职教育规模、结构、质量和效益的协调发展，为构建江苏现代职业教育体系、推进职业教育现代化做出了重要贡献。

面对新时代中国特色社会主义建设的宏伟蓝图，我国社会的主要矛盾已经转化为人们日益增长的美好生活需要与发展不平衡不充分之间的矛盾，这就需要我们有更高水平、更高质量、更高效益的发展，实现更加平衡、更加充分的发展，才能全面建成社会主义现代化强国。五年制高职教育的发展必须服从、服务于国家发展战略，以不断满足人们对美好生活需要为追求目标，全面贯彻党的教育方针，全面深化教育改革，全面实施素质教育，全面落实立德树人根本任务，充分发挥五年制高职贯通培养的学制优势，建立和完善五年制高职教育课程体系，健全德能并修、工学结合的育人机制，着力培养学生的工匠精神、职业道德、职业技能和就业创业能力，创新教育教学方法和人才培养模式，完善人才培养质量监控评价制度，不断提升人才培养质量和水平，努力办好人民满意的五年制高职教育，为决胜全面建成小康社会、实现中华民族伟大复兴的中国梦贡献力量。

教材建设是人才培养工作的重要载体，也是深化教育教学改革、提高教学质量的重要基础。目前，五年制高职教育教材建设规划性不足、系统性不强、特色不明显等问题一直制约着内涵发展、创新发展和特色发展的空间。为切实加强学院教材建设与规范管理，不断提高学院教材建设与使用的专业化、规范化和科学化水平，学院成立了教材建设与管理工作领导小组和教材审定委员会，统筹领导、科学规划学院教材建设与管理工作；制订了《江苏联合职业技术学院教材建设与使用管理办法》和《关于院本教材开发若干问题的意见》，完善了教材建设与管理的规章制度；每年滚动修订了《五年制高等职业教育教材征订目录》，统一组织五年制高职教育教材的征订、采购和配送；编制了学院"十三五"院本教材建设规划，组织18个专业和公共基础课程协作委员会推进了院本教材开发，建立了一支院本教材开发、编写、审定队伍；创建了江苏五年制高职教育教材研发基地，与江苏凤凰职业教育图书有限公司、苏州大学出版社、北京理工大学出版社、南京大学出版社、上海交通大学出版社等签订了战略合作协议，协同开发独具五年制高职教育特色的院本教材。

今后一个时期，学院在推动教材建设和规范管理工作的基础上，紧密结合五年制高职教育发展新形势，主动适应江苏地方社会经济发展和五年制高职教育改革创新的需要，以学院

18个专业协作委员会和公共基础课程协作委员会为开发团队,以江苏五年制高职教育教材研发基地为开发平台,组织具有先进教学思想和学术造诣较高的骨干教师,依照学院院本教材建设规划,重点编写出版约600本有特色、能体现五年制高职教育教学改革成果的院本教材,努力形成具有江苏五年制高职教育特色的院本教材体系。同时,加强教材建设质量管理,树立精品意识,制订五年制高职教育教材评价标准,建立教材质量评价指标体系,开展教材评价评估工作,设立教材质量档案,加强教材质量跟踪,确保院本教材的先进性、科学性、人文性、适用性和特色性建设。学院教材审定委员会组织各专业协作委员会做好对各专业课程(含技能课程、实训课程、专业选修课程等)教材出版前的审定工作。

  本套院本教材较好地吸收了江苏五年制高职教育最新理论和实践研究成果,符合五年制高职教育人才培养目标定位要求。教材内容深入浅出,难易适中,突出"五年贯通培养、系统设计"专业实践技能经验积累培养,重视启发学生思维和培养学生运用知识的能力。教材条理清楚,层次分明,结构严谨,图表美观、文字规范,是一套专门针对五年制高职教育人才培养的教材。

学院教材建设与管理工作领导小组

学院教材审定委员会

2017年11月

序　言

为深入贯彻党的十九大精神和全国教育大会部署，落实党中央、国务院关于教材建设的决策部署，提升五年制高等职业教育数控技术专业教学质量，深化江苏联合职业技术学院机械设计制造类专业群教学改革成果，并最大限度共享这一优秀成果，学院机电专业协作委员会特组织优秀教师及相关专家，全面、优质、高效地修订及新开发了本系列规划教材。

本系列教材所具特色如下：

➢ 教材培养目标、内容结构符合高等职业学校专业教学标准及学院专业标准中制定的各课程人才培养目标，符合最新颁发的相关国家职业技能标准及有关行业、企业职业技能鉴定规范。

➢ 体现产教深度融合。教材编写邀请行业企业技术人员、能工巧匠深度参与，确保理论知识和技能点的选取与国家职业技能标准，行业、企业职业技能鉴定规范和岗位要求紧密对接，紧跟产业发展趋势和行业人才需求，职业特点鲜明。

➢ 体现以能力为本位。教材删除与学生将来从事的工作相关度不大的纯理论性的教学内容以及繁冗的计算，以学生的"行动能力"为出发点组织教材内容，将基础理论知识教学与技能培养过程有机融合，有机融入专业精神、职业精神和工匠精神，强化学生职业素养养成和专业技术积累，并着重培养学生的专业核心技术综合应用能力、实践能力和创新能力。

➢ 体现"以学生为中心"、"教学做合一"的教学思想。在遵循职业教育国家教学标准的前提下，针对职业教育生源多样化特点，合理设计教学项目，注重分类施教、因材施教，可灵活适应项目式、案例式、模块化等不同教学方式的要求。

➢ 教材编写围绕深化教学改革和"互联网＋职业教育"发展需求，对纸质材料编写、配套资源开发、信息技术应用进行了一体化设计，初步实现了教材立体化呈现。

本系列教材在组织编写过程中，得到了江苏联合职业技术学院各位领导的大力支持与帮助，并在学院机电专业协作委员会全体成员的一直努力下，顺利完成出版。由于各参与编写作者及编审委员会专家时间相对仓促，加之行业技术更新较快，教材中难免有不当之处，也请广大读者予以批评指正，再次一并表示感谢！我们将不断完善与提升本系列教材的整体质量，使其更好地服务于学院机电专业及全国其他高等职业院校相关专业的教育教学，为培养新时期下的高技能人才做出应有的贡献。

江苏联合职业技术学院机电协作委员会
2019 年 12 月

前 言

本书是江苏联合职业技术学院指定教材，经江苏联合职业技术学院教材审定委员会审定。本书是理实一体化项目训练教程系列教材之一。

本书选择 UG NX 12.0 软件，UG NX 12.0 软件在企业中被广泛地应用；UG NX 12.0 是先进的 CAD/CAM/CAE 集成技术的大型软件，被广大机械制造类企业选定为企业计算机辅助设计、分析和制造的常用软件。该软件具有良好的综合性能，使用该软件进行设计，可以直观、准确地反映零件、组件的形状及装配关系，也可以使产品开发完全实现设计、工艺、制造的无纸化生产，还可以使产品设计、工装设计、工装制造等工作并行开展，这样就大大缩短了生产周期，非常有利于新品试制及多品种产品的设计、开发和制造。为适应企业的需求和学生就业的需要，高职学生在第四学期或第五学期来学习本软件，是非常必要的。

本书采用任务驱动、项目式教学的编写方式，将教学内容设计为五个项目。项目一"鲁班锁的绘制"，分解为三个任务，让学生初步了解 UG 软件的操作界面、功能特点、基本操作设置并应用本软件进行模型设计，掌握零件的装配操作，有初步的软件应用体验；项目二"虎钳的制作"，分解为四个任务，让学生学会使用软件进行虎钳的实体设计，并能进行装配操作，掌握将实体零件生成二维图纸的操作，并根据二维图纸要求进行编程加工，完成虎钳的制作；项目三"可乐瓶底凸模的加工"，让学生熟悉 UG 曲面加工技巧；项目四"游戏手柄上壳的模具设计"，分解为四个任务，让学生通过任务的引领，从模具设计到型腔加工能全面地了解软件在模具设计与制造中的应用；项目五"3D 打印"，分解为四个任务，让学生对曲面创建和编辑有一个完整的认识，打开曲面设计思路，并利用 3D 打印技术，实物展示任务作品，使综合设计能力向更高层次进阶。

本书的每个任务分七个部分展开：任务目标、任务分析、知识准备、任务实施、任务总结、知识拓展、项目评价。本书操作任务典型、实例丰富、应用性强，具有很强的指导性和可操作性，有利于学习者打好坚实基础和提升设计技能。本书力求做到重点突出、结构合理、语言简洁、图文并茂、操作步骤详尽。

学生学习完本书能处理生产实践中具体的问题，能迅速运用所学知识，处理实际的造型设计任务，完成建模、工程图绘制、虚拟装配、模具设计的全过程，并能利用数控铣床或者加工中心完成零件的加工。

本书可作为高等职业院校机电、数控、机械类专业的专业课教学用书，适合第四或第五学期使用；同时本书也可供从事机械设计及相关行业的人员学习和参考。本书建议学时数为 80 个，具体分配如下：

序号	名称	学时/个
1	项目一　鲁班锁的绘制	10
2	项目二　虎钳的制作	16
3	项目三　可乐瓶底凸模的加工	10
4	项目四　游戏手柄上壳的模具设计	30
5	项目五　3D打印	14
6	总学时数	80

  本书由江苏省联合职业技术学院通州分院朱新民、常州刘国钧高等职业技术学校单艳芬担任主编，无锡立信高等职业技术学校高巍、常州铁道高等职业技术学校曹敏担任副主编。苏州工业园区工业技术学校李友节担任主审。

  由于编者水平有限，书中难免有不妥之处，恳请广大读者多提宝贵意见。

编　者

2019年7月

目 录

项目一　鲁班锁的绘制 ………………………………………… 1
　任务一　CAD/CAM 软件入门 ……………………………… 2
　任务二　实训安全教育 ……………………………………… 7
　任务三　鲁班锁实体的绘制 ……………………………… 10

项目二　虎钳的制作 …………………………………………… 35
　任务一　零件实体的绘制 ………………………………… 37
　任务二　零件工程图的绘制 ……………………………… 60
　任务三　零件装配图的绘制 ……………………………… 72
　任务四　零件的加工 ……………………………………… 87

项目三　可乐瓶底凸模的加工 ……………………………… 111
　任务　可乐瓶底凸模的加工 …………………………… 112

项目四　游戏手柄上壳的模具设计 ………………………… 127
　任务一　游戏手柄上壳模具的设计准备 ……………… 128
　任务二　游戏手柄上壳模具的分型设计 ……………… 139
　任务三　游戏手柄上壳模具的型腔分割 ……………… 166
　任务四　游戏手柄上壳模具的型腔加工 ……………… 181

项目五　3D 打印 ……………………………………………… 190
　任务一　塑料凳子的绘制 ………………………………… 191
　任务二　凳子 3D 打印 …………………………………… 205
　任务三　涡轮的绘制 ……………………………………… 216
　任务四　涡轮 3D 打印 …………………………………… 224

参考文献 ……………………………………………………… 232

项目一　鲁班锁的绘制

 项目需求

以鲁班锁的绘制为项目任务，让学生掌握软件的一般应用技巧，学会简单的草图绘制以及常规的建模方法，并能熟练地进行简单的实体装配操作。

选择鲁班锁作为项目任务，激发学生的学习兴趣，让学生喜欢 UG 软件，增强学习动力。

 项目工作场景

本项目在机房进行绘图设计，需要依靠网络平台，了解鲁班锁的奥秘之处，并掌握六根锁的鲁班锁拼装方法。

 方案设计

本项目分三个任务进行实施，先介绍软件的相关知识，让学生了解 UG 软件在现代制造业中的地位；然后学习相关实训的安全文明生产要求，养成安全文明生产的良好职业习惯；再具体学习 UG 软件中鲁班锁绘制的操作命令，让学生先能完整地做一下设计，激发他们的学习兴趣。

 相关知识和技能

（1）了解目前机械设计软件的种类以及它们的功能和应用。
（2）掌握安全文明生产的要求，时刻牢记安全文明生产的重要性。
（3）掌握 UG 软件的基本绘图命令和实体装配命令，完整地了解一个产品的整个设计过程。

任务一　CAD/CAM 软件入门

【任务目标】

(1) 知道 CAD/CAM 软件的种类、功能与优缺点。
(2) 知道 CAD/CAM 软件的应用领域。

【任务分析】

本任务主要介绍 CAD/CAM 技术的概念、发展状况、应用领域和常见 CAD/CAM 软件的种类及特点，通过资料学习、思考问题及网络自学等方式引导学生构建关于 CAD/CAM 技术的基础知识体系，同时学会根据实际需要选择合适的 CAD/CAM 软件系统，为今后各项目的实施打下基础。

【知识准备】

一、CAD/CAM 技术的概念与技术领域

CAD/CAM 全称为 Computer Aided Design/Computer Aided Manufacture，即计算机辅助设计/计算机辅助制造，是以信息技术为主要技术手段来进行产品设计和制造活动的技术，也是世界上发展最快的技术之一。这种技术是将现代化制造业与信息化结合的典型技术手段，促进了生产力的发展，加快了生产模式的转变，影响了市场的发展，应用领域广泛。

CAD 技术的内涵将会随着计算机和相关行业的发展而不断延伸。以下是各个历史时期关于 CAD 技术的一些描述和定义："CAD 是一种技术，其中人与计算机结合为一个问题求解组，紧密配合，发挥各自所长，从而使其工作优于每一方，并为应用多学科方法的综合性协作提供了可能"［1972 年 10 月国际信息处理联合会（IFIP）在荷兰召开的"关于 CAD 原理的工作会议"］；"CAD 是一个系统的概念，包括计算、图形、信息自动交换、分析和文件处理等方面的内容"（20 世纪 80 年代初，第二届国际 CAD 会议）；认为 "CAD 不仅是一种设计手段，更是一种新的设计方法和思维"（1984 年国际设计及综合讨论会）。

目前较普遍的观点认为：CAD 是指工程技术人员以计算机为工具，运用自身的知识和经验，对产品或工程进行方案构思、总体设计、工程分析、图形编辑和技术文档整理等设计活动的总称，是一门多学科综合应用的新技术。

CAM 技术到目前为止尚无统一的定义，在本书中的 CAM 指的是数控程序的编制，包括刀具路线的规划、刀位文件的生成、刀具轨迹仿真以及后置处理和 NC 代码生成等。

CAD/CAM 集成技术的关键是 CAD、CAPP、CAM、CAE 各系统之间的信息自动交换与共享。集成化的 CAD/CAM 系统借助于工程数据库技术、网络通信技术以及标准格式的产品数据接口技术，把分散于机型各异的各个 CAD、CAPP、CAM 子系统高效、快捷地集成起来，实现软、硬件资源共享，保证整个系统内信息的流动畅通无阻。

随着信息技术、网络技术的不断发展和市场全球化进程的加快，出现了以信息集成为基础的更大范围的集成技术，譬如将企业内经营管理信息、工程设计信息、加工制造信息、产品质量信息等融为一体的计算机集成制造系统（Computer Integrated Manufacturing System，CIMS）。而CAD/CAM集成技术是计算机集成制造系统、并行工程、敏捷制造等先进制造系统中的一项核心技术。

二、CAD/CAM技术的发展趋势

21世纪制造行业的基本特征是高度集成化、智能化、柔性化和网络化，追求的目标是提高产品质量及生产效率，缩短设计周期及制造周期，降低生产成本，最大限度地提高制造业的应变能力，满足用户需求。具体表现出以下几个发展趋势。

（1）标准化。CAD/CAM系统可建立标准零件数据库、非标准零件数据库。标准零件数据库中的零件在CAD设计中可以随时调用，并采用GT（成组技术）生产。非标准零件数据库中存放的零件，虽然与设计所需结构不尽相同，但利用系统自身的建模技术可以方便地进行修改，从而加快设计过程。

（2）集成化技术。现代设计制造系统不仅应强调信息的集成，更应该强调技术、人和管理的集成。在开发系统时强调"多集成"的概念，即信息集成、智能集成、串并行工作机制集成及人员集成，这更适合未来系统的需求。

（3）智能化技术。应用人工智能技术实现产品生命周期（包括产品设计、制造、使用）各个环节的智能化，实现生产过程（包括组织、管理、计划、调度、控制等）各个环节的智能化。

（4）网络技术的应用。网络技术包括硬件与软件的集成实现、各种通信协议及制造自动化协议、信息通信接口、系统操作控制策略等，是实现各种制造系统自动化的基础。

（5）多学科多功能综合产品设计技术。未来产品的开发设计不仅用到机械科学的理论与知识，而且还用到电磁学、光学、控制理论等知识。产品的开发要进行多目标全性能的优化设计，以追求产品动静态特性、效率、精度、使用寿命、可靠性、制造成本与制造周期的最佳组合。

（6）快速成型技术。快速成型制造技术RPM（Rapid Prototyping and Manufacturing）是基于层制造原理，迅速制造出产品原型，而与零件的几何复杂程度丝毫无关，尤其在具有复杂曲面形状的产品制造中更能显示其优越性。它不仅能够迅速制造出原型供设计评估、装配校验、功能试验，而且还可以通过形状复制快速经济地制造出产品（如制造电极用于EDM加工、作为模芯消失铸造出模具等），从而避免了传统模具制造的费时、高成本的NC加工，因而RPM技术在现代制造技术中日益发挥着重要的作用。

三、常见CAD/CAM软件及特点

根据CAD/CAM系统的功能及复杂程度，可以对其所处的档次做一个大致的划分，目前业界公认的高端CAD/CAM软件包括Creo、NX、CATIA等，中端CAD/CAM软件则有Solidworks、Solidedge、Inventor、Mastercam等。

（1）NX原是美国UGS（Unigraphics Solutions）公司的旗舰产品，后被西门子公司收购，如图1-1-1所示。NX软件首次突破传统CAD/CAM模式，为用户提供一个全面的产品建

模系统。该软件采用将参数化和变量化技术与实体、线框和表面功能融为一体的复合建模技术，其主要优势是三维曲面、实体建模和数控编程功能，具有较强的数据库管理和有限元分析前后处理功能以及界面良好的用户开发工具。NX 软件汇集了美国航空航天业及汽车业的专业经验，现已成为世界一流的集成化机械 CAD/CAM/CAE 软件，并被众多公司选作计算机辅助设计、制造和分析的标准。

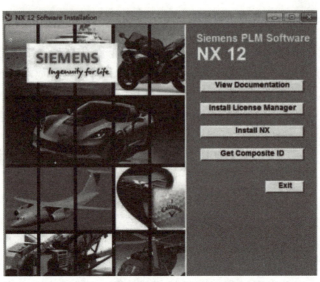

图 1-1-1　NX 12

（2）Creo（旧版简称 Pro/E）是美国 PTC（Parametric Technology Corporation）公司的著名产品，如图 1-1-2 所示。PTC 公司提出的单一数据库、参数化、基于特征、全相关的概念，改变了机械设计自动化的传统观念，这种全新的观念已成为当今机械设计自动化领域的新标准。基于该观念开发的 Creo 软件能将设计至生产全过程集成到一起，让所有的用户能够同时进行同一产品的设计制造工作，实现并行工程。Creo 包括 70 多个专用功能模块，如特征建模、有限元分析、装配建模、曲面建模、产品数据管理等，具有较完整的数据交换转换器。

（3）CATIA 是法国达索公司的产品开发旗舰解决方案，如图 1-1-3 所示。作为 PLM 协同解决方案的一个重要组成部分，可以帮助制造厂商设计他们未来的产品，并支持从项目前阶段、具体的设计、分析、模拟、组装到维护在内的全部工业设计流程，几乎迎合了所有工业领域的大、中、小型企业需要。主要产品包括大型的波音 747 飞机、火箭发动机以及化妆品的包装盒等，几乎涵盖了所有的领域。在世界上有超过 13 000 个用户选择了 CATIA。虽然 CATIA 源于航空航天业，但其强大的功能已得到各行业的认可，尤其在世界汽车业，更是成了公认的标准。CATIA 的著名用户包括波音、克莱斯勒、宝马、奔驰等一大批知名企业，在 CAD/CAM/CAE 行业内处于领先地位。

（4）ZW 3D 由广州中望龙腾软件股份有限公司开发，如图 1-1-4 所示，是中国唯一具有完全自主知识产权，集"曲面造型、实体建模、模具设计、装配、钣金、工程图、2-5 轴加工"等功能模块于一体，覆盖产品设计开发全流程的 CAD/CAM 软件，已广泛应用于机械工业、航空航天工业、汽车工业、院校教学等方面。

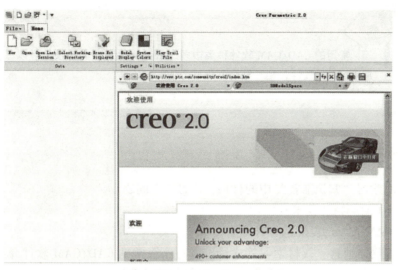

图 1-1-2　Creo

图 1-1-3　CATIA

图 1-1-4　ZW 3D

> **小提醒**
> 常用的CAD/CAM软件种类很多，每套软件都有其强项，可以多接触几套相关的软件，相互结合发挥各个软件的长处。

【任务实施】

(1) 认真学习"知识准备"中的材料，回答以下问题：

①什么是CAD/CAM技术？

②CAD/CAM技术的发展趋势有哪些？

(2) 通过网络搜索、教材学习等途径，撰写一篇常见CAD/CAM软件介绍与功能对比的小论文，详述在数控加工领域典型CAD/CAM软件的选型与理由。

【任务总结】

CAD/CAM技术早期主要应用于飞机、汽车、轮船等的设计与制造方面，经过多年的发展，在机械、电子、建筑等设计领域得到了更广泛的应用。目前，最常用的CAD/CAM系统包括NX、CATIA、Creo等。

随着制造业与信息化的不断融合升级，CAD/CAM技术正逐步往标准化、集成化、智能化、网络化、快速成型控制等方向发展。

知识拓展

提到CAD/CAM技术，必须先从了解更高层面的"产品生命周期管理"（PLM）开始。产品生命周期管理可以定义为一种信息战略：它通过整合各个系统来构建一个统一的数据架构；它也可以被看作一种企业战略：使全球化的企业可以像一个团队那样进行产品设计、生产、支持和淘汰。著名行业厂商Siemens PLM Software就认为，PLM既是信息战略，也是企业战略，而归根结底它还是一种变革性的业务战略，该技术将允许在整个企业内访问一个通用的产品信息和流程存储库，并在此基础上进行创新。

PLM软件能够使企业以最低成本高效地管理一个产品的全生命周期，从创意、设计和制造一直到服务和报废。计算机辅助设计（CAD）、计算机辅助制造（CAM）、计算机辅助工程（CAE）、产品数据管理（PDM）及数据化制造贯穿于PLM的全过程，如图1-1-5所示。

图1-1-5　PLM（产品生命周期管理）的流程

【任务评价】

评价内容				学生姓名				评价日期			
评价项目	学生自评				生生互评				教师评价		
	优	良	中	差	优	良	中	差	优	良	中	差
课堂表现												
回答问题												
作业态度												
知识掌握												
综合评价				寄语								

任务二　实训安全教育

【任务目标】

（1）知道实训场地的安全生产规程。
（2）培养学生具有良好的综合素养和职业能力。

【任务分析】

本任务主要介绍实训安全教育。通过网络自学、实地操作等方式灌输安全教育，为今后各项目的实施与职业素养的养成埋下伏笔。

【知识准备】

一、准备环节

实训前必须认真阅读实训指导书，理解实训目的、要求、内容，熟悉实训过程，并且做好相关资料的收集工作，要求在实训前具备 CAD/CAM 软件（如 UG、Creo、Mastercam、Solidworks 等其中之一）的基础知识。在实训前自学具备 CAM 软件模块的入门知识。

零件设计时需考虑结构工艺性以及实训室现有的加工条件（如机床加工能力、配备刀具的类型等），以使用实训室提供的数控机床与刀具完成加工，并针对要操作的数控机床选择合适的工艺参数。各数控机床参数具体参见操作手册。

二、CAD 造型环节

（1）若造型所用的 CAD 软件与后续的 CAM 软件不同，建议将三维模型文件存储为 IGES（初始图形交换规范，Initial Graphics Exchange Specification）格式或 STEP（产品数据交换标准，Standard for the Exchange of Product Model Data）格式，以便 CAM 软件识别。注意文件名一律使用英文。

（2）实训全过程尽量在同一台计算机上完成，以免版本不同，无法识别文件。

（3）CAD 建模时，注意选择毫米（mm）为单位，不使用缺省模板。

（4）注意保存文件。不同的环节，保存的文件不同。草图环境中保存的是 sec 文件；零件建模环境中保存的是 prt 文件；加工环境中保存的是 mfg 文件。

三、CAM 制造环节

（1）零件尺寸、刀具尺寸、加工参数应相互匹配。

（2）在设计过程中，注意单击"完成"类菜单项，否则前功尽弃。

（3）定义坐标系时，注意坐标系方向与实际加工机床的坐标系方向一致，并且坐标零点对应于加工零点。

（4）退刀平面应沿 Z 轴设置，离开毛坯。

（5）一个工序对应一个 NC 序列。

（6）注意生成的数控程序是刀具中心轨迹还是目标轮廓轨迹。

四、实训设备操作注意事项

（1）学生进入实习车间，必须经过安全文明生产和机床操作规程的学习考核，合格后方可开始实习操作。

（2）实习期间，学生应严格按照工艺操作规程进行生产，不得自作主张做本工艺要求以外的工作，不准做与实习无关的事。

（3）在实习车间内不准穿拖鞋，女学生进入工作场所要戴好安全帽。

（4）按规定穿戴好劳动防护用品后，才能进行操作；操作前必须认真检查数控加工中心的状况；夹具、刀具及工件夹持必须良好，才能进行操作。如有异常情况应及时报告实习指导老师，以防止造成事故。

（5）学生必须在实习指导老师指定的机床上操作，按正确顺序开、关机，文明操作，不得随意开动其他机床。当一人在操作时，他人不得干扰以防造成事故。

（6）切削前必须用图形卡模拟切削过程，确认无误，并经实习指导老师同意后方可进行切削。

（7）机床主轴启动，开始切削前应关好防护门，正常运行时禁止按"急停""复位"按钮，加工中严禁开启防护门。

（8）加工过程中不允许擅离机床，如遇紧急情况，应按红色"急停"按钮，迅速报告实习指导老师，经修正后方可再进行加工。

（9）学生不得擅自修改、删除机床参数和系统文件。

（10）加工完毕后必须进行机床的清洁和润滑保养工作。

（11）工量具放置应符合安全文明规定。

（12）工量具及设备损坏照价赔偿。

【任务实施】

（1）认真学习"知识准备"中的材料，回答以下问题：
①CAD造型环节和CAM制造环节包含哪些内容？
②实训设备操作注意事项有哪些？

（2）通过网络搜索、教材学习等途径，撰写一份实训室安全教育规程和安全教育心得。

【任务总结】

实训室是实践教学的重要场所，是提升学生综合素质及实践技能水平的主要基地。实训安全教育是学校安全管理不可或缺的重要部分，同时也是保障师生的人身安全、学校的财产安全、维护学校良好声誉的敏感环节。

知识拓展

产品生命周期管理：产品生命周期管理（Product Life-cycle Management，PLM），就是指从人们对产品的需求开始，到产品淘汰报废的全部生命历程。PLM是一种先进的企业信息化思想，它让人们思考在激烈的市场竞争中，如何用最有效的方式和手段来为企业增加收入和降低成本。

历史沿革：

（1）市场营销学定义的产品生命周期为：导入、成长、成熟、衰退。这个已经不能概括产品生命周期的全过程。就像人的生命周期也绝对不会是从出生着地到死亡的过程。这四个阶段定义为：产品市场生命周期。

（2）随着PLM软件的兴起，产品生命周期开始包含需求收集、概念确定、产品设计、产品上市和产品市场生命周期管理。就像人的生命周期把父母前期的准备和孕育的过程、分娩的过程也定义到人的生命周期。

（3）近现代很多优秀的企业觉得上述两种生命周期并不能完全概括产品生命周期。在基于产品管理概念的基础上把产品生命周期概括为产品战略、产品市场、产品需求、产品规划、产品开发、产品上市、产品市场生命周期管理 7 个部分。

【任务评价】

评价内容					学生姓名				评价日期			
评价项目	学生自评				生生互评				教师评价			
	优	良	中	差	优	良	中	差	优	良	中	差
课堂表现												
回答问题												
作业态度												
知识掌握												
综合评价			寄语									

任务三　鲁班锁实体的绘制

【任务目标】

（1）了解软件机械设计的一般流程。
（2）理解一般三维软件的建模过程。
（3）掌握 UG 软件进行鲁班锁绘制的命令操作，并能利用 UG 装配功能装配鲁班锁。

【任务分析】

鲁班锁结构简单，图形结构容易理解，非常适合初学者学习 UG 的草图绘制以及实体绘制的命令。本任务在进行教学时不求将每个命令的操作讲解得详细透彻，只根据该任务的需要讲解必要的参数设置，避免参数过多让学生产生畏难情绪。

【知识准备】

一、UG 软件介绍

2017 年 10 月西门子公司推出了最新版的 Siemens NX 12.0 软件（UG NX 12.0），该软件提供了当今市场上唯一可扩展的多学科平台，通过与 Mentor Graphics Capital Harness 和 Xpedition 的紧密集成，整合了电气、机械和控制系统，可消除从开发到制造的每个步骤的创新障碍，帮助企业摆脱当今快速缩短产品生命周期的挑战。

UG NX 12.0 是集成产品设计、工程与制造于一体的解决方案，包含世界上最强大、最广泛的产品设计应用模块，具有高性能的机械设计和制图功能，为制造设计提供了高性能和灵活性，以满足客户设计任何复杂产品的需要。而且，与仅支持 CAD 的解决方案和封闭型企业解决方案不同，NX 设计能够在开放型协同环境中的开发部门之间提供最高级集成，可用于产品设计、工程和制造全范围的开发过程，帮助用户改善产品质量，提高产品交付速度和效率。在汽车、交通、航空航天、日用消费品、通用机械及电子工业等工程设计领域得到了大规模的应用。

二、NX 12.0 的主要功能

UG NX 12.0 软件是由多个模块组成的，主要包括 CAD、CAM、CAE、注塑模、钣金件、Web、管路应用、质量工程应用、逆向工程等应用模块，其中每个功能模块都以 Gateway 环境为基础，它们之间既有联系又相互独立。

1. UG/Gateway

UG/Gateway 为所有 UG NX 产品提供了一个一致的、基于 Motif 的进入捷径，是用户打开 NX 进入的第一个应用模块。Gateway 是执行其他交互应用模块的先决条件，该模块为 UG NX 12.0 的其他模块运行提供了底层统一的数据库支持和一个图形交互环境。它支持打开已保存的部件文件、建立新的部件文件、绘制工程图以及输入输出不同格式的文件等操作，也提供图层控制、视图定义和屏幕布局、表达式和特征查询、对象信息和分析、显示控制和隐藏/再现对象等操作。

2. CAD 模块

（1）实体建模。实体建模集成了基于约束的特征建模和显性几何建模两种方法，提供了符合建模的方案，使用户能够方便地建立二维和三维线框模型、扫描和旋转实体、布尔运算及其表达式。实体建模是特征建模和自由形状建模的必要基础。

（2）特征建模。UG 特征建模模块提供了对建立和编辑标准设计特征的支持，常用的特征建模方法包括圆柱、圆锥、球、圆台、凸垫及孔、键槽、腔体、倒圆角、倒角等。为了基于尺寸和位置的尺寸驱动编辑、参数化定义特征，特征可以相对于任何其他特征或对象定位，也可以被引用复制，以建立特征的相关集。

（3）自由形状建模。UG 自由形状建模拥有设计高级的自由形状外形、支持复杂曲面和实体模型的创建。它是实体建模和曲面建模技术功能的合并，包括沿曲线的扫描，用一般二次曲线创建二次曲面体，在两个或更多的实体间用桥接的方法建立光滑曲面；还可以采用逆向工程，通过曲线/点网格定义曲面，通过点拟合建立模型；还可以通过修改曲线参数，或通过引入数学方程控制、编辑模型。

（4）工程制图。UG 工程制图模块是以实体模型自动生成平面工程图，也可以利用曲线功能绘制平面工程图。在模型改变时，工程图将被自动更新。制图模块提供自动的视图布局（包括基本视图、剖视图、向视图和细节视图等），可以自动、手动进行尺寸标注，自动绘制剖面线、形位公差和表面粗糙度标注等。利用装配模块创建的装配信息可以方便地建立装配工程图，包括快速地建立装配剖视图、爆炸工程图等。

(5)装配建模。UG 装配建模是用于产品的模拟装配,支持"由底向上"和"由顶向下"的装配方法。装配建模的主模型可以在总装配的上下文中设计和编辑,组件以逻辑对齐、贴合和偏移等方式被灵活地配对或定位,改进了性能,减少了存储的需求。参数化的装配建模提供了组件间配对关系的描述和为规定共同创建的紧固件组合共享,使产品开发工作并行进展。

3. MoldWizard 模块

MoldWizard 是 UGS 公司提供的运行在 Unigraphics NX 软件基础上的一个智能化、参数化的注塑模具设计模块。MoldWizard 为产品的分型、型腔、型芯、滑块、嵌件、推杆、镶块、复杂型芯或型腔轮廓创建电火花加工的电极及模具的模架、浇注系统和冷却系统等提供了方便的设计途径,最终可以生成与产品参数相关的、可用于数控加工的三维模具模型。

4. CAM 模块

UG/CAM 模块是 UG NX 的计算机辅助制造模块,该模块提供了对 NC 加工的程序建立与编辑,提供了包括铣、多轴铣、车、线切割、钣金等加工方法的交互操作,还具有图形后置处理和机床数据文件生成器的支持;同时又提供了制造资源管理系统、切削仿真、图形刀轨编辑器、机床仿真等加工或辅助加工。

5. 产品分析模块

UG 产品分析模块集成了有限元分析的功能,可用于对产品模型进行受力、受热后的变形分析,可以建立有限元模型、对模型进行分析和对分析后的结果进行处理,提供线性静力、线性屈服分析、模拟分析和稳态分析。运动分析模块用于对简化的产品模型进行运动分析,可以进行机构连接设计和机构综合,建立产品的仿真,利用交互式运动模式同时控制 5 个运动副,对注塑模中熔化的塑料进行流动分析,以多种格式表达分析结果。注塑模流动分析模块用于注塑模中对熔化的塑料进行流动分析,具有前处理、解算和后处理的能力,提供强大的在线求解器和完整的材料数据库。

三、NX 12.0 工作环境

1. 启动软件

(1)双击桌面图标 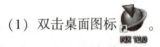。

(2)单击开始菜单中 Siemens NX 12.0 文件夹下图标 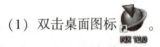,软件启动后的界面如图 1-3-1 所示。

2. 新建实体建模文件

(1)单击"UG 软件基本环境"对话框上的"新建"按钮,打开"新建"对话框,如图 1-3-2 所示。

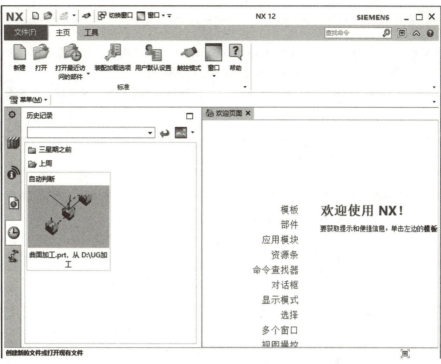

图1-3-1 "UG软件基本环境"对话框

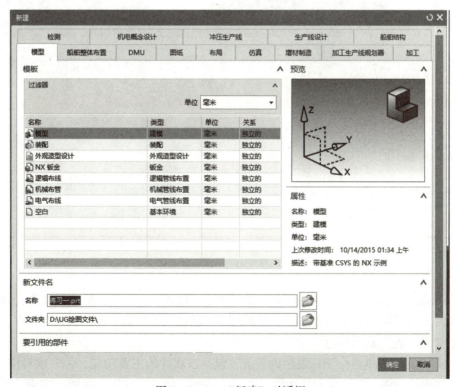

图1-3-2 "新建"对话框

(2) 在UG软件基本环境中用快捷键"Ctrl + N"也可以打开"新建"对话框。

> ▶ 目前，UG NX 12.0 版本软件文件名可以是中文，保存路径也可以是中文路径，这将大大地方便我们中国人的使用。
>
> ▶ UG 实体模型的格式是".prt"，在与其他软件相互交流时，都需要进行格式转换。

3. 基本界面

UG NX 12.0 基本界面主要由标题栏、菜单栏、工具栏、绘图区、坐标系图标、状态提示栏和资源导航器等部分组成，如图 1-3-3 所示。

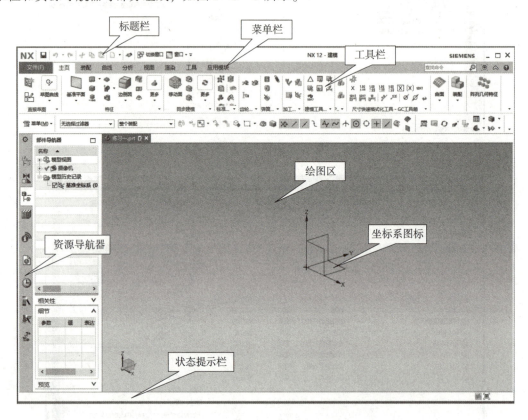

图 1-3-3　NX 12.0 的基本界面

（1）标题栏。标题栏位于 UG NX 12.0 用户界面的最上方，用来显示软件名称及版本号，以及当前的模块和文件名等信息。如果对部件已经做了修改，但还没进行保存，其后面还会显示"修改的"提示信息。

（2）菜单栏。菜单栏位于标题栏的下方，包括该软件的主要功能，每一项对应一个 UG NX 12.0 的功能类别。它们分别是文件、主页、装配、曲线、分析、视图、渲染、工具、应用模块。每个菜单标题提供一个下拉式选项菜单，菜单中会显示所有与该功能有关的命令选项。

14

（3）工具栏。UG NX 12.0有很多工具栏的选择，当启动默认设置时，系统只显示其中的几个。工具栏是一行图符，每个图符代表一个功能。工具栏与下拉菜单中的菜单项相对应，执行相同的功能，可以使用户避免在菜单栏中查找命令的烦琐，方便操作。UG各功能模块提供了许多使用方便的工具栏，用户还可以根据自己的需要及显示屏的大小对工具栏图标进行设置。

（4）状态提示栏。状态提示栏主要用于提示用户如何操作，是用户与计算机信息交互的主要窗口之一。在执行每个命令时，系统都会在状态提示栏中显示用户必须执行的动作，或者提示用户的下一个动作。状态提示栏也会显示有关当前选项的消息或最近完成的功能信息，这些信息不需要回应。

（5）绘图区。绘图区是UG创建、显示和编辑图形的区域，也是进行结果分析和模拟仿真的窗口，相当于工程人员平时使用的绘图板。当光标进入绘图区后，指针就会显示为选择球。

（6）坐标系图标。在UG NX 12.0的绘图区中央有一个坐标系图标，该坐标系称为工作坐标系WCS，它反映了当前所使用的坐标系形式和坐标方向。

（7）资源导航器。资源导航器用于浏览编辑创建的草图、基准平面、特征和历史记录等。在默认情况下，资源导航器位于窗口的左侧。通过选择资源导航器上的图标可以调用装配导航器、部件导航器、操作导航器、Internet、帮助和历史记录等。

> **小提醒**
> UG NX 12.0在菜单方面做了适当的调整，窗口中显示的菜单不是全部菜单，如果想用原来老版本的菜单，则可以单击工具栏下方左侧的"菜单"选项，这里是所有的UG常用菜单，我们可以方便地使用。

四、三维造型设计步骤

1. 理解设计模型

了解主要的设计参数、关键的设计结构和设计约束等设计情况。

2. 主体结构造型

建立模型的关键结构，如主要轮廓、关键定位孔。确定关键的结构对于建模过程起到关键作用。

对于复杂的模型，模型分解也是建模的关键。如果一个结构不能直接用三维特征完成，则需要找到结构的某个二维轮廓特征，然后用拉伸旋转扫描的方法，或者自由形状特征去建立模型。

UG允许用户在一个实体设计上使用多个根特征，这样，就可以分别建立多个主结构，然后在设计后期对它们进行布尔运算。对于能够确定的设计部分，先做造型，不确定的部分放在造型的后期完成。

设计基准（Datum）通常决定用户的设计思路，好的设计基准将会帮助简化造型过程并方便后期设计的修改。通常，大部分的造型过程都是从设计基准开始的。

3. 零件相关设计

UG 允许用户在模型完成之后再建立零件的参数关系，但更加直接的方法是在造型过程中直接引用相关参数。

4. 细节特征造型

细节特征造型放在造型的后期阶段，一般不要在造型早期阶段进行这些细节设计，否则会大大加长用户的设计周期。

【任务实施】

（1）下面以鲁班锁六根柱的绘制任务实例来说明 UG NX 12.0 中一般的建模方法，先绘制"1#柱"的实体模型，图纸如图 1-3-4 所示。

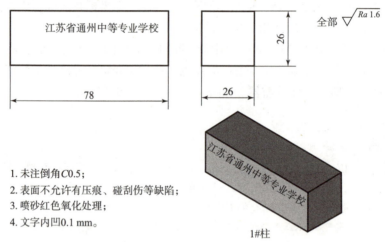

图 1-3-4　1#柱

操作步骤：

Step 1　启动 UG NX 12.0 软件。

Step 2　新建"1#柱"文件，保存路径为"D:\鲁班锁的绘制"，文件名为"1#柱"。

Step 3　单击图 1-3-5 所示"拉伸"界面上方"拉伸"按钮，弹出"拉伸"对话框后选择 XY 平面作为草图绘制平面，新建一个草图文件，如图 1-3-6 所示。

Step 4　单击关闭草图工具栏最左边的"连续自动标注尺寸"。

Step 5　单击"矩形"命令，选择两点矩形。

Step 6　在绘图区域中单击两点确定矩形大体位置和大小。

Step 7　单击"快速尺寸"命令，标注如图 1-3-7 所示的图形尺寸。

项目一 鲁班锁的绘制

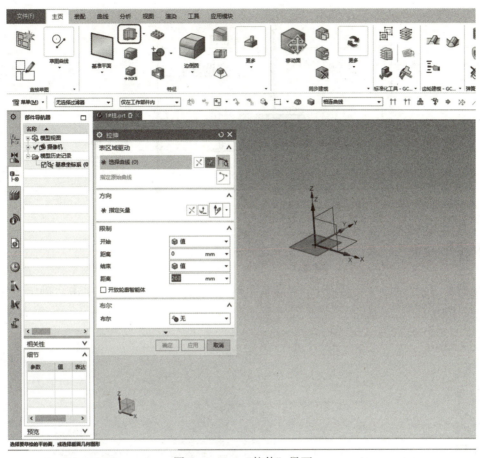

图1-3-5 "拉伸"界面

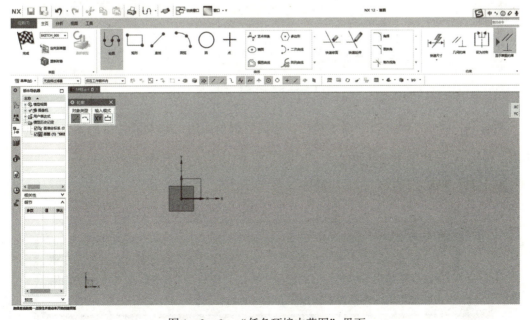

图1-3-6 "任务环境中草图"界面

17

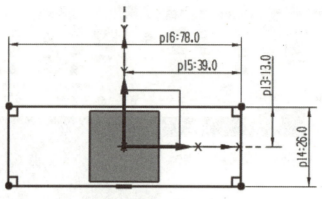

图 1-3-7 图形尺寸

Step 8 单击"完成"命令 ,完成草图。

Step 9 在"拉伸"对话框中,"结束距离"后面值输入"26",单击"确定"完成实体建模,如图 1-3-8 所示。

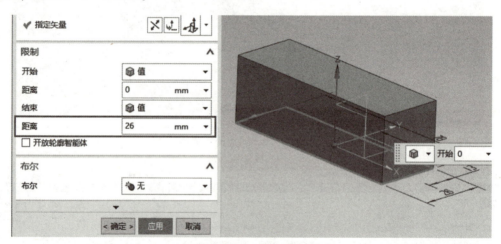

图 1-3-8 距离值的输入

Step 10 单击"倒斜角"命令 ,选择要倒角的边,输入倒角"距离"为"0.5",单击"确定",完成倒角的创建。

Step 11 单击"保存"完成"1#柱"实体的创建。

小提醒

在进行后面 5 根柱的建模时,相同部分的操作不再赘述。另外,在建模过程中如果是结构相似的模型,可以考虑利用 UG NX 12.0 强大的编辑功能进行编辑得到想要的模型,这样省时省力。

"2#柱"的建模：由于"2#柱"和"1#柱"的主体外形一致，在完成"1#柱"的基础上增加一步操作即可完成模型的创建，图纸如图1-3-9所示。

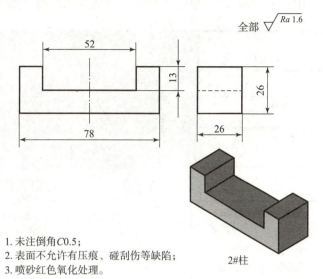

1. 未注倒角C0.5；
2. 表面不允许有压痕、碰刮伤等缺陷；
3. 喷砂红色氧化处理。

图1-3-9　2#柱

操作步骤：

Step 1　将"1#柱"另存为"2#柱"，得到一个新的文件，或者就在"鲁班锁的绘制"文件夹中复制"1#柱"，重命名为"2#柱"，打开"2#柱"文件准备开始建模操作。

Step 2　单击图1-3-5所示"拉伸"界面上方"拉伸"按钮，弹出"拉伸"对话框后选择实体的一个表面作为草图绘制平面，新建一个草图文件。

Step 3　单击关闭草图工具栏最左边的"连续自动标注尺寸"。

Step 4　单击"矩形"命令，选择两点矩形。

Step 5　在绘图区域中绘制矩形，并标注如图1-3-10所示的图形尺寸。

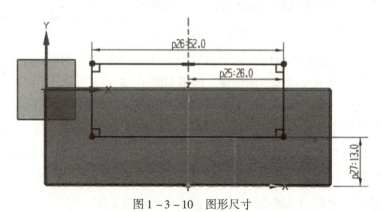

图1-3-10　图形尺寸

Step 6　单击"完成"命令，完成草图。

Step 7 在"拉伸"对话框中,"结束距离"后面值输入"26",在"方向"中单击反向 ,在"布尔"中单击"减去",单击"确定"完成实体建模,如图1-3-11所示。

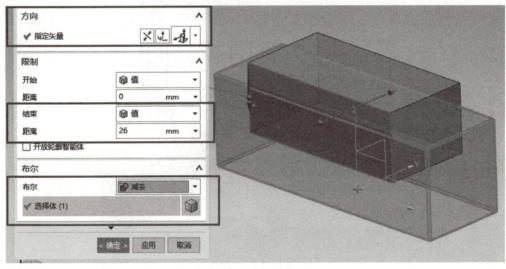

图1-3-11 布尔减去

> **小提醒** 在做草图尺寸标注时,如果要选择草图外对象作为基准,则需要将选择范围由"仅在活动草图内"改为"整个装配",如图1-3-12所示。在"拉伸"对话框中,结束方式也可以单击后面的小三角改为"贯通",如图1-3-11所示,这样就不需要输入数值"26"了。

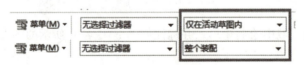

图1-3-12 选择范围

"4#柱"的建模:由于"4#柱"和"2#柱"的主体外形非常相似,在完成"2#柱"的基础上增加一步操作即可完成模型的创建,图纸如图1-3-13所示。

操作步骤:

Step 1 将"2#柱"另存为"4#柱",得到一个新的文件,或者就在"鲁班锁的绘制"文件夹中复制"2#柱",重命名为"4#柱",打开"4#柱"文件准备开始建模操作。

Step 2 单击图1-3-5所示"拉伸"界面上方"拉伸"按钮,弹出"拉伸"对话框后选择实体的凹槽表面作为草图绘制平面,新建一个草图文件。

Step 3 单击关闭草图工具栏最左边的"连续自动标注尺寸"。

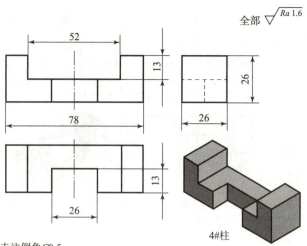

1. 未注倒角C0.5；
2. 表面不允许有压痕、碰刮伤等缺陷；
3. 喷砂红色氧化处理。

图1-3-13 4#柱

Step 4 单击"矩形"命令，选择两点矩形 。

Step 5 在绘图区域中绘制矩形，并标注如图1-3-14所示的图形尺寸。

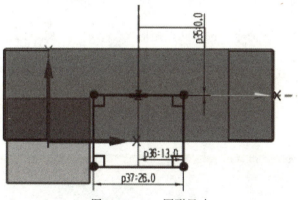

图1-3-14 图形尺寸

Step 6 单击"完成"命令，完成草图。

Step 7 在"拉伸"对话框中，"结束距离"后面值输入"13"，在"方向"中单击反向，在"布尔"中单击"减去"，单击"确定"完成实体建模，如图1-3-11所示。

Step 8 单击"保存"完成"4#柱"实体的创建。

"3#柱"的建模：由于"3#柱"和"4#柱"的主体外形一致，在完成"4#柱"的基础上增加一步操作即可完成模型的创建，图纸如图1-3-15所示。

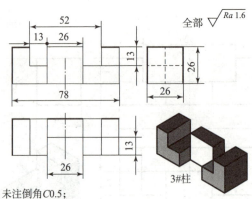

图 1-3-15　3#柱

操作步骤：

Step 1　将"4#柱"另存为"3#柱"，得到一个新的文件，或者就在"鲁班锁的绘制"文件夹中复制"4#柱"，重命名为"3#柱"，打开"3#柱"文件准备开始建模操作。

Step 2　单击图 1-3-5 所示"拉伸"界面上方"拉伸"按钮，弹出"拉伸"对话框后选择实体的槽底表面作为草图绘制平面，新建一个草图文件。

Step 3　单击关闭草图工具栏最左边的"连续自动标注尺寸"。

Step 4　单击"矩形"命令，选择两点矩形 。

Step 5　在绘图区域中绘制矩形，并标注如图 1-3-16 所示的图形尺寸。

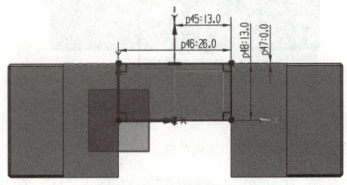

图 1-3-16　图形尺寸

Step 6　单击"完成"命令 ，完成草图。

Step 7　在"拉伸"对话框中，"结束距离"后面值输入"13"，在"布尔"中单击"合并"，单击"确定"完成实体建模，如图 1-3-17 所示。

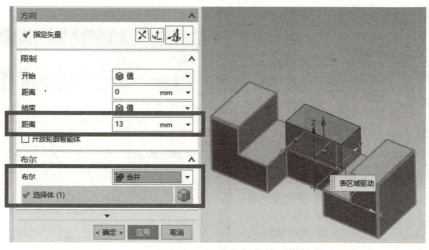

图1-3-17 布尔合并

Step 8 单击"倒斜角"命令,选择要倒角的边,输入倒角"距离"为"0.5",单击"确定",完成倒角的创建。

Step 9 单击"保存"完成"3#柱"实体的创建。

"5#柱"的建模:由于"5#柱"和"2#柱"的主体外形有些相似,在完成"2#柱"的基础上进行适当的编辑,再增加一步操作即可完成模型的创建,图纸如图1-3-18所示。

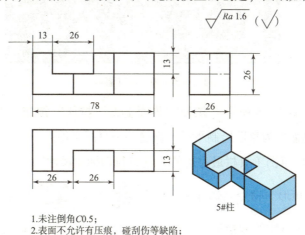

图1-3-18 5#柱

操作步骤:

Step 1 将"2#柱"另存为"5#柱",得到一个新的文件,或者就在"鲁班锁的绘制"文件夹中复制"2#柱",重命名为"5#柱",打开"5#柱"文件准备开始建模操作。

Step 2 在图1-3-19所示"可回滚编辑…"编辑对话框左侧的"部件导航器"中,右键单击"拉伸(3)"特征,选择"可回滚编辑…",在"拉伸"对话框中单击"绘制截面"图标,修改草图尺寸,如图1-3-20所示,修改完成后单击"完成草图",单击"确定"完成修改。

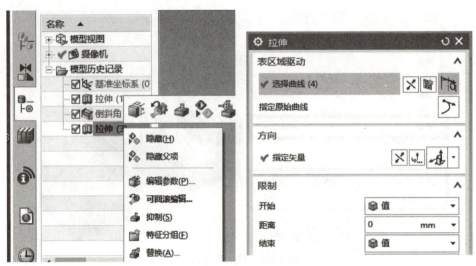

图1-3-19 "可回滚编辑"编辑对话框

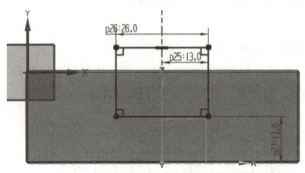

图1-3-20 尺寸修改

Step 3 单击图1-3-5所示"拉伸"界面上方"拉伸"按钮,弹出"拉伸"对话框后选择实体的凹槽侧面作为草图绘制平面,新建一个草图文件。

Step 4 单击关闭草图工具栏最左边的"连续自动标注尺寸"。

Step 5 单击"矩形"命令,选择两点矩形 。

Step 6 在绘图区域中绘制矩形,并标注如图1-3-21所示的图形尺寸。

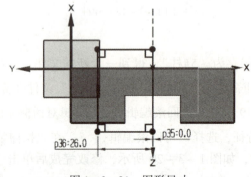

图1-3-21 图形尺寸

Step 7 单击"完成"命令 ，完成草图。

Step 8 在"拉伸"对话框中，"结束距离"后面值输入"13"，在"布尔"中单击"合并"，单击"确定"完成实体建模，"布尔"操作选择"减去"。

Step 9 单击"确定"，完成模型的创建。

Step 10 单击"保存"完成"5#柱"实体的创建。

"6#柱"的建模：由于"5#柱"和"6#柱"的主体外形有些相似，在完成"5#柱"的基础上进行适当的编辑，即可完成模型的创建，图纸如图1－3－22所示。

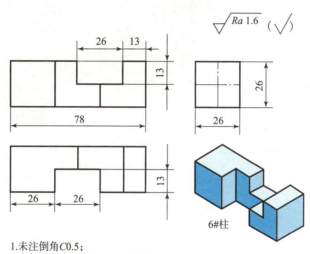

1. 未注倒角C0.5；
2. 表面不允许有压痕，碰刮伤等缺陷；
3. 喷砂红色氧化处理。

图1－3－22 6#柱

操作步骤：

Step 1 将"5#"柱另存为"6#柱"，得到一个新的文件，或者就在"鲁班锁的绘制"文件夹中复制"5#柱"，重命名为"6#柱"，打开"6#柱"文件准备开始建模操作。

Step 2 在图1－3－23所示"编辑拉伸实体"对话框左侧"部件导航器"中，右键单击"拉伸（4）"特征，选择"可回滚编辑…"，在"拉伸"对话框中单击"绘制截面"，修改草图尺寸，如图1－3－24所示，主要是将尺寸"p36：26.0"改为"p36：－26.0"，修改完成后单击"完成草图"，单击"确定"完成修改。

Step 3 单击"确定"，完成模型的创建。

Step 4 单击"保存"完成"6#柱"实体的创建。

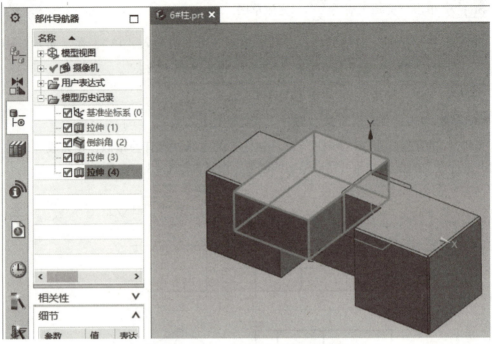

图1-3-23 "编辑拉伸实体"对话框

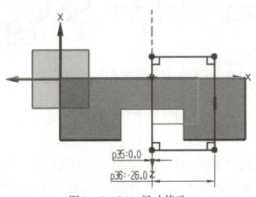

图1-3-24 尺寸修改

> **小提醒**
> 在实体建模时如果外形相似的图形可以利用UG强大的编辑功能来编辑得到,这就比重新绘制实体方便多了。

(2)下面用鲁班锁的装配任务实例来说明UG NX 12.0中一般的装配方法,装配完成图形如图1-3-25所示。

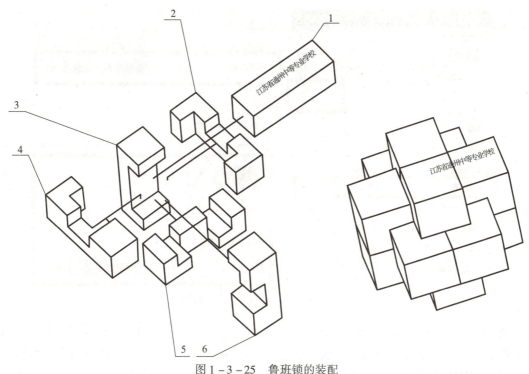

图 1-3-25　鲁班锁的装配

1—1#柱；2—4#柱；3—2#柱；4—5#柱；5—3#柱；6—6#柱

操作步骤：

Step 1 启动 UG NX 12.0 软件。

Step 2 新建“装配”文件，在图 1-3-26 所示“新建装配”界面中选择“装配”。保存路径为“D:\鲁班锁的绘制”，文件名为“鲁班锁的装配”。

名称	类型	单位	关系	所有者
模型	建模	毫米	独立的	NT AUTH...
装配	装配	毫米	独立的	NT AUTH...
外观造型设计	外观造型设计	毫米	独立的	NT AUTH...
NX 钣金	钣金	毫米	独立的	NT AUTH...

图 1-3-26　“新建装配”界面

Step 3 在图 1-3-27 所示“添加组件”对话框中单击“打开”按钮，在绘图目录中选择“2#柱”，单击“确定”，在“添加组件”对话框“装配位置”中选择“绝对坐标系-工作部件”，单击“应用”。此时放置好第一个部件。

Step 4 在“添加组件”对话框中单击“打开”按钮，在绘图目录中选择“3#柱”，单击“确定”，在“添加组件”对话框“装配位置”中选择“对齐”，在“放置”中选择“接触对齐”或“对齐”，直观地将要接触或对齐的面选中，单击“应用”。此时放置好第二个部件，如图 1-3-28 所示。

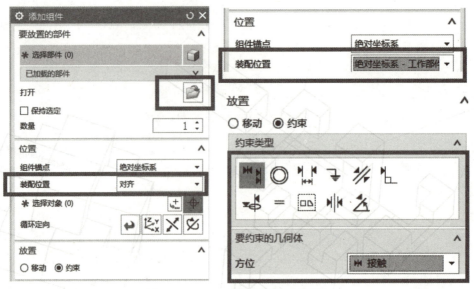

图 1-3-27 "添加组件"对话框

Step 5 在"添加组件"对话框中单击"打开"按钮,在绘图目录中选择"5#柱",单击"确定",在"添加组件"对话框"装配位置"中选择"对齐",在"放置"中选择"接触对齐",很直观地将要接触的面选中,单击"应用"。此时放置好第三个部件,如图1-3-29所示。

Step 6 在"添加组件"对话框中单击"打开"按钮,在绘图目录中选择"6#柱",单击"确定",在"添加组件"对话框"装配位置"中选择"对齐",在"放置"中选择"接触对齐"或"对齐",直观地将要接触或对齐的面选中,单击"应用"。此时放置好第四个部件,如图1-3-30所示。

  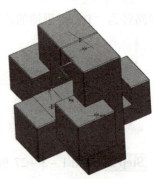

图 1-3-28 2#柱和3#柱装配   图 1-3-29 5#柱装配   图 1-3-30 6#柱装配

Step 7 在"添加组件"对话框中单击"打开"按钮,在绘图目录中选择"4#柱",单击"确定",在"添加组件"对话框"装配位置"中选择"对齐",在"放置"中选择"接触对齐"或"对齐",直观地将要接触或对齐的面选中,单击"应用"。此时放置好第五个部件,如图1-3-31所示。

Step 8 在"添加组件"对话框中单击"打开"按钮,在绘图目录中选择"1#柱",单击"确定",在"添加组件"对话框"装配位置"中选择"对齐",在"放置"中选择"接触对齐"或"对齐",直观地将要接触或对齐的面选中,单击"应用"。此时放置好第六个部件,如图 1-3-32 所示。

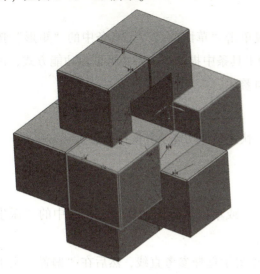
图 1-3-31 4#柱装配

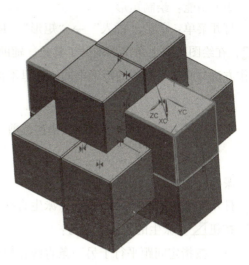
图 1-3-32 1#柱装配

> **小提醒**
> 在装配中如果操作不当要编辑修改,方法和大部分软件类似,选择要删除的对象(实体或者是约束),直接按"Delete",然后根据软件命令提示重新装配。利用菜单栏"分析"中"简单干涉",在"干涉检查结果"中选择"干涉体",可以直观地检查装配体之间有没有干涉。

【任务总结】

至此,鲁班锁的实体建模和装配已经完毕。此任务的外形结构简单,操作简单易学,不过在草图绘制方面和实体建模方面还需要通过其他实例训练来提高技能水平。

知识拓展

草图中曲线的绘制

1. 轮廓

轮廓绘图功能:绘制单一或连续曲线。它既可以绘制直线,也可以绘制圆弧。

打开菜单:单击"插入"→"轮廓",或单击"草图曲线"工具条中的"轮廓"按钮,在绘图区左上角显示辅助工具条,如图 1-3-6 所示。轮廓绘图辅助工具条共有 4 个按钮,分别是"直线""弧""坐标模式"和"参数模式"。在"坐标模式"状态下,鼠标光标的右下角显示的目前光标所在位置是相对绝对坐标系的坐标值；在"参数模式"状态下，鼠标光标的右下角显示的目前光标所在位置是相对前一点的长度和角度值。

矩形功能：绘制矩形。

打开菜单：单击"插入"→"矩形"，或单击"草图曲线"工具条中的"矩形"按钮▢，在绘图区左上角出现辅助工具条。辅助工具条中提供了3种矩形创建功能方式，由于操作方法与曲线绘制中的矩形类同，这里不再赘述。

2. 草图编辑

本拓展将主要介绍派生直线、快速裁剪、快速延伸功能及其操作方法。

3. 派生直线

派生直线功能：创建一条直线。

打开菜单：单击"插入"→"派生直线"，或单击"草图曲线"工具条中的"派生直线"按钮◣。派生的直线类型为：

（1）按指定间距平行于另一条直线：根据提示选择参考直线，然后在"偏置"文本框内输入偏置距离或移动鼠标至所要求的位置按"Enter"键即可，如图1-3-33所示。

（2）两条平行直线的中线：根据提示分别选择第一条参考直线和第二条参考直线，然后根据所要求中线的长短移动鼠标至所要求的位置，单击鼠标左键即可，如图1-3-34所示。

（3）两条相交直线的角平分线：操作方法同上，如1-3-35所示。

图1-3-33　绘制平行线　　　　图1-3-34　绘制中线　　　　图1-3-35　绘制角平分线

4. 快速裁剪

快速裁剪功能：裁剪两条或多条曲线。

打开菜单：单击"编辑"→"快速裁剪"，或单击"草图曲线"工具条中的"快速裁剪"按钮◣。修剪图形中多余的线素有3种方式：

（1）修剪单一对象：鼠标直接选择多余的线素，修剪边界为离指定对象最近的曲线，如图1-3-36所示。要撤销修剪，则可单击鼠标右键，在快捷菜单中选择"撤销"菜单项。

（2）修剪多个对象：按住鼠标左键并拖动，这时光标变成画笔，与画笔画出的曲线相交的线素都会被修剪掉，如图1-3-37所示。

（3）修剪至边界：按住"Ctrl"键，用鼠标选择剪切的边界线（按住"Ctrl"键不放，可连续选择多根边界线），然后再单击多余的线素，被选中的线素即以边界线为边界被修剪，如图1-3-38所示。

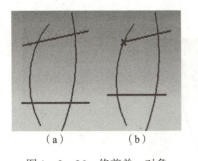 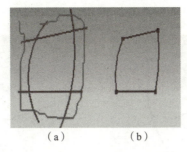 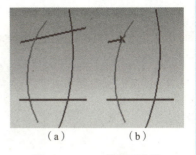

图1-3-36 修剪单一对象
(a) 修剪前；(b) 修剪后

图1-3-37 修剪多个对象
(a) 修剪前；(b) 修剪后

图1-3-38 修剪至边界
(a) 修剪前；(b) 修剪后

5. 快速延伸

快速延伸功能：延伸指定的对象与曲线边界相交。

打开菜单：单击"编辑"→"快速延伸"，或单击"草图曲线"工具条中的"快速延伸"按钮。延伸指定的线素有3种方式：

(1) 延伸单一对象：鼠标直接选择要延伸的线素，单击左键确定，线素自动延伸到下一个边界，如图1-3-39所示。

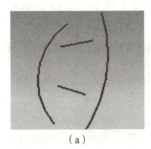 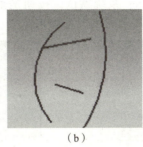 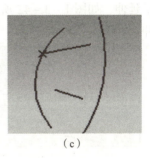

图1-3-39 延伸单一对象
(a) 延伸前；(b) 选择对象；(c) 延伸至最近的边界线

(2) 延伸多个对象：按住鼠标左键并拖动，这时光标变成画笔，与画笔画出的曲线相交的线素都会被延伸，如图1-3-40所示。

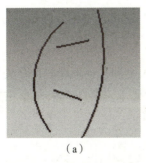 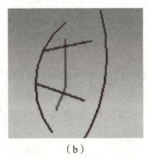 

图1-3-40 延伸多个对象
(a) 延伸前；(b) 选择对象；(c) 延伸至最近的边界线

(3) 延伸至边界：按住"Ctrl"键，用鼠标选择延伸的边界线（按住"Ctrl"键不放，可连续选择多根边界线），然后再单击要延伸的对象，被选中的对象即可延伸至边界线,如图1-3-41所示。

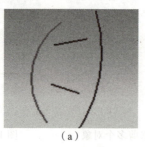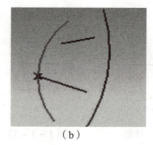

图1-3-41 延伸至边界线

(a) 选择边界线；(b) 被选中对象延伸至边界线

6. 圆角

圆角功能：在两条曲线之间作圆角过渡。

打开菜单：单击"插入"→"圆角"，或单击"草图曲线"工具条中的"圆角"按钮，弹出"半径输入"对话框，同时在绘图区左上角出现辅助工具条，即"裁剪输入"按钮和"删除第3条曲线"按钮。单击"裁剪输入"按钮，弹起该按钮，表示对原线素既不修剪也不延伸，如图1-3-42所示；系统默认该按钮是呈按下状态，表示对原线素进行修剪或延伸，如图1-3-43所示。

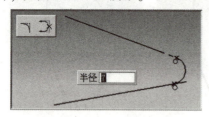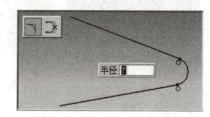

图1-3-42 不修剪不延伸　　　　图1-3-43 修剪或延伸

用户可输入半径，然后选择两条曲线或者按住鼠标左键并拖动，这时光标变成画笔，拖动画笔与两条曲线相交，松开鼠标，系统按给定的半径创建圆角。用户也可以不输入半径，这时系统会自动根据交点的位置自定义半径创建圆角。

注意：在预览时通过使用"Page Up"或"Page Down"键可调整创建圆角的方向。

7. 草图约束

草图约束分为尺寸约束和几何约束，分别控制图形的尺寸和几何形状。用户先勾画出近似的轮廓，然后添加尺寸和几何约束，使轮廓线达到设计要求。草图约束命令主要包括在"草图约束"的工具条中，或者在"插入"菜单中进行选择。

8. 几何约束与智能约束设置

下面将介绍几何约束与智能约束设置及其操作方法。

（1）几何约束。

几何约束功能：对约束对象的几何关系进行控制。

打开菜单：单击"插入"→"约束"，或单击"草图约束"工具条中的"约束"按钮,选中要约束的曲线后,在绘图区的左上角出现几何约束辅助工具条,其中的内容根据选择曲线的不同而变化,选择相应的约束按钮,完成几何约束。

如果曲线约束不充分时,曲线的控制点将显示自由度箭头。箭头表示该曲线在箭头方向还存在自由度。只有当曲线的自由度被完全限制后,自由度箭头才会全部消失。

(2)智能约束设置。

智能约束功能:通过设置可在绘图的过程中自动推断、建立约束。

打开菜单:单击"工具"→"约束",或单击"草图约束"工具条中的"智能约束设置"按钮,系统弹出"自动判断约束设置"对话框,单击相应的约束控制按钮。可在绘图的过程中自动推断、建立约束。约束按钮功能如表1-3-1所示。

表1-3-1 约束按钮功能

图标	名称	功能
	固定点	固定选中曲线的位置
	固定长度	固定所选直线的长度
	固定角度	固定所选择的两条直线间的角度
	共线	将一根或多根直线移动到位置固定的参考直线上
	水平的	将直线转变为水平直线
	竖直	将直线转变为铅垂直线
	平行	使两条或多条直线互相平行
	垂直的	使两条直线互相垂直
	等长度	使两条或多条直线长度相等
	相切	使两条曲线相切
	同心的	使两条或多条圆弧或圆同心
	等半径	使两条或多条圆弧或圆半径相等
	点在线上	使一点定位于指定的曲线上
	点在线串上	使一点定位于指定串连的曲线上
	共点(重合)	使两个或两个以上的点定位于同一个位置上
	中点	使一点定位于曲线的中点上

【任务评价】

评价内容					学生姓名				评价日期			
评价项目	学生自评				生生互评				教师评价			
	优	良	中	差	优	良	中	差	优	良	中	差
课堂表现												
回答问题												
作业态度												
知识掌握												
综合评价				寄语								

项目二　虎钳的制作

项目需求

在机械加工行业中，台式虎钳是用来夹持工件的通用夹具，安装在钳工工作台上夹持待加工零件，以便于钳工手工操作。其主要由手柄、支柱、连杆、盖板、底座、支座、活动钳口、固定钳口等零件的构成（图2-0-1）。活动钳身通过导轨与固定钳身的导轨做滑动配合。丝杠装在活动钳身上，可以旋转，但不能轴向移动，并与安装在固定钳身内的丝杠螺母配合。当摇动手柄使丝杠旋转时，就可以带动活动钳身相对于固定钳身做轴向移动，起夹紧或放松的作用。在固定钳身和活动钳身上，各装有钢制钳口，并用螺钉固定。钳口的工作面上制有交叉的网纹，使工件夹紧后不易产生滑动。钳口经过热处理淬硬，具有较好的耐磨性。固定钳身装在转座上，并能绕转座轴心线转动。当转到要求的方向时，扳动夹紧手柄使夹紧螺钉旋紧，便可在夹紧盘的作用下把固定钳身固紧。转座上有三个螺栓孔，用以与钳台

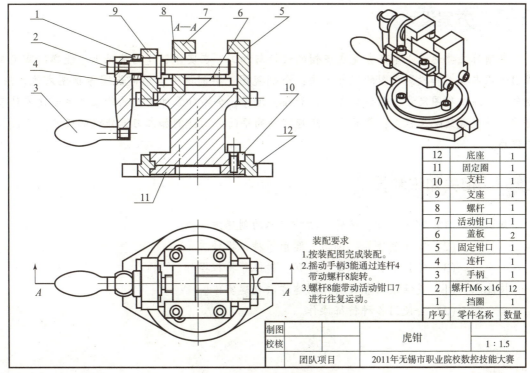

图2-0-1　虎钳的构成

固定。本项目利用 UG 软件对虎钳的支柱、底座、支座等零件进行实体建模，进而掌握工程图的创建方法、装配图的创建方法，最后实现零件的加工。

实体建模技术是 UG NX 12.0 参数化三维设计技术的核心功能，它是一种基于特征和约束的参数化建模技术，具有与用户交互建立和编辑复杂实体模型的功能。应用 UG NX 12.0 的实体建模功能，可以利用系统提供的具有明显工程含义的特征体素来表达和设计零件，从而大大缩短了产品设计周期。UG 的装配功能是指在装配中建立部件之间的链接功能，通过关联条件在部件之间建立约束关系来确定部件在装配中的位置。在装配过程中，部件的三维实体是被装配引用的，而不是复制到装配中，因此整个装配部件保持关联性，如果某个部件被修改，则引用它的装配部件自动更新，反映该部件的最新形状。在 UG NX 12.0 工程图应用模块中，可以创建并修改制图、图上的视图、几何体、尺寸和其他各类制图注释；并且该模块还支持许多国际标准。工程图应用模块提供了与在建模块中所创建的实体模型完全相关的视图数据，实体模型的任何改变都会立即反映在该模型的二维图上。同时制图对象，例如尺寸和文本注释等，都基于它们所创建的几何形状并与之相关。只要图上的几何形状发生变换，由这些几何形状产生的所有尺寸和制图对象也随之相应地改变。

（1）图纸准备，正确识读零件图纸。
（2）计算机。

本项目主要通过 4 个任务完成虎钳的设计与加工。在实体创建的基础上，能熟练掌握工程图的基本视图和投影视图的操作方法；全剖视图、半剖视图、局部视图等视图表达方法；会合理标注工程图尺寸、形位公差、表面粗糙度等；会添加零件之间的约束关系创建零件装配图，并生成装配工程图；最后完成底座零件的平面外形铣削加工刀具轨迹的设定，生成加工程序。

知识点：（1）掌握拉伸、回转、扫掠实体的创建方法。
　　　　（2）掌握创建孔、倒角、圆角等特征操作。
　　　　（3）掌握求和、求差、阵列、镜像等特征操作。
技能点：（1）灵活运用各种实体创建方法创建实体。
　　　　（2）会使用各种特征操作。

任务一 零件实体的绘制

【任务目标】

知识目标：（1）会熟练运用实体命令绘制实体。
　　　　　（2）会编辑修改实体。
技能目标：（1）会运用拉伸、旋转等特征指令创建实体。
　　　　　（2）会运用孔、倒角、镜像、阵列等指令编辑修改实体。

【任务分析】

分析各零件图纸尺寸要求，引导学生掌握实体建模的基本思路：首先分析图形的组成，分别画出截面，然后用拉伸、旋转、扫掠等建模方法来构建主实体，再在主实体上创建各种孔、倒角、圆角等细节特征。

【知识准备】

UG NX 12.0 的实体设计是指根据零件设计图，在完成草图轮廓设计的基础上，运用实体设计工作台各种工具来完成三维零件建模的一个过程。实体设计是以草图为基础的，因此在实体设计中通常都是实体设计、草图设计两个工作台交互使用。

实体设计的一般流程：
（1）创建基准面进入草图操作环境。
（2）绘制零件主体草绘轮廓。
（3）完成零件主体基于草图特征的构建。
（4）添加修饰特征（拔模、倒角等）。
（5）检查实体并进行修改。

UG 建立三维模型文件主要是通过"特征"来实现的，所谓"特征"就是代表元件某一方面特性的操作，UG NX 12.0 成型特征主要有：基于草图的特征、基于实体的特征、基于曲面的特征、体素特征。零件模型是由若干个特征构成的，按其不同的形式，实体特征创建的方法有拉伸、回转、扫掠、打孔、割槽、长方体、球体等，可以生成许多复杂的实体特征。

①基于草图的特征。这些特征都是在完成草图的基础上，通过基本成型特征对草图加以操作（如拉伸、旋转）以形成零件的主体部分。主要有拉伸、旋转、扫掠。

②基于实体的特征。这些特征都是在已有实体主体部分的基础上，通过基本成型特征对实体主体加以操作（如打孔、割槽、键槽、腔体、圆台、凸垫、浮雕、螺纹等）以形成零件的细节设计部分。

③基于曲面的特征。这些特征都是在已有的实体表面或曲面基础上，通过基本成型特征对其加以操作（如加强筋、面加厚、抽取几何体等）以创建新的几何形状。

④体素特征。体素特征是基于解析形状的一个实体，它可以用作实体建模初期的基本形状。当建立一个体素时，必须规定它的类型与尺寸以及在模型空间的位置与方位。体素特征主要有长方体、圆柱体、圆锥体、球体。

⑤特征操作。在零件的设计过程中，为了完成零件细节设计，会对实体零件的部分特征进行变换（如镜像、阵列等）、裁剪（如分割体、分割面等）、修饰（如倒角、倒圆、拔模、抽壳等）、布尔运算（求和、求差、求交等）等的操作。

【任务实施】

一、零件 1　挡圈

本例创建的挡圈如图 2-1-1 所示。

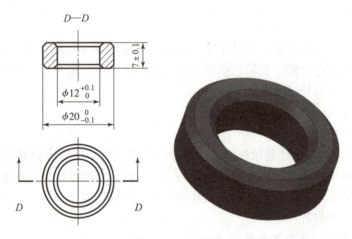

图 2-1-1　挡圈

思路分析：首先创建"圆柱"特征，然后利用"倒角"特征创建倒角，如图 2-1-2 所示。

知识要点：创建拉伸特征，创建倒斜角特征。

创建步骤：

1. 新建文件

单击菜单栏中的"文件"→"新建"命令，或单击"标准"工具栏中的"新建"按钮，弹出"新建"对话框。在"模板"列表框中选择"模型"选项，在"名称"文本框中输入"挡圈"，单击"确定"按钮，进入 UG 主界面。

2. 绘制草图

单击菜单栏中的"插入"→"草图"命令，或单击"特征"工具栏中的"草图"按钮，进入 UG NX 12.0 草图绘制界面，如图 2-1-3 所示。单击中键，默认选择 XY 平面作为工作平面绘制草图，绘制的草图如图 2-1-4 所示。单击"草图生成器"工具栏中的"完成草图"按钮，草图绘制完毕。

项目二 虎钳的制作

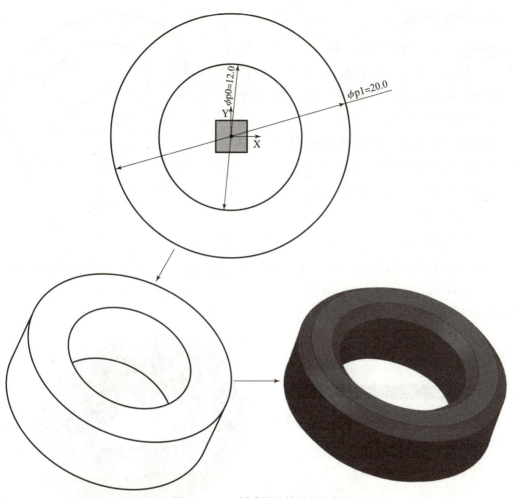

图2-1-2 创建圆柱特征的流程

图2-1-3 "创建草图"对话框

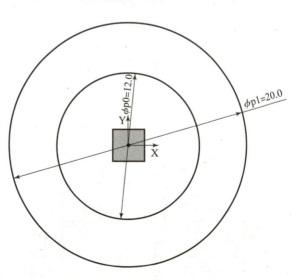

图2-1-4 草图

39

3. 创建拉伸特征

Step 1 单击菜单栏中的"插入"→"设计特征"→"拉伸"命令，或单击"特征"工具栏中的"拉伸"按钮，弹出"拉伸"对话框，选择图 2-1-4 所示的草图。

Step 2 在"限制"面板的开始"距离"和结束"距离"文本框中分别输入"0"和"7"。

Step 3 单击"确定"按钮，创建的拉伸特征如图 2-1-5 所示。

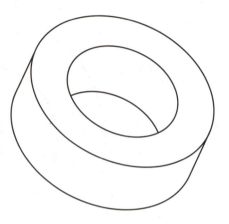

图 2-1-5 拉伸特征

4. 创建倒斜角特征

单击"特征"工具栏中的"倒斜角"按钮，弹出如图 2-1-6 所示的"倒斜角"对话框，旋转两条边，在"偏置"面板的"距离"文本框中输入"1"。单击"确定"，创建的倒斜角特征如图 2-1-7 所示。

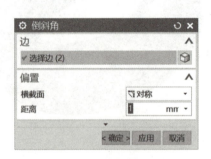

图 2-1-6 "倒斜角"对话框

图 2-1-7 倒斜角特征

二、零件2 活动钳口

本例创建的活动钳口如图 2-1-8 所示。

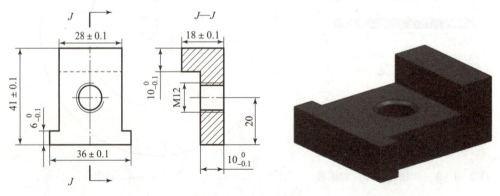

图 2-1-8 活动钳口

项目二 虎钳的制作

思路分析:首先利用"拉伸"特征创建基体,然后利用"沿引导线扫掠"功能创建钳口底部,再利用"孔"命令创建圆孔,并利用"螺纹"功能将孔生成螺纹孔,最后通过"镜像"和"圆角"命令完成活动钳口的创建。其创建流程如图2-1-9所示。

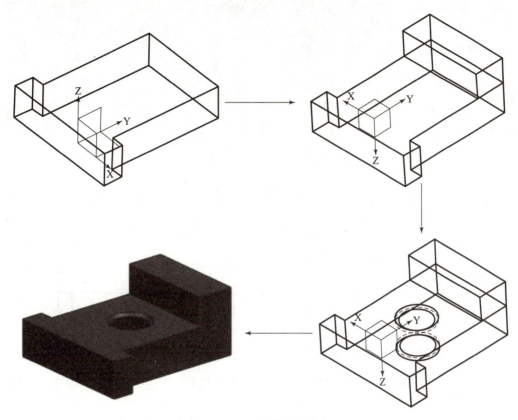

图2-1-9 活动钳口创建流程

知识要点:创建拉伸特征,创建沿引导线扫掠特征,创建沉头孔特征,创建螺纹特征。

创建步骤:

1. 新建文件

单击菜单栏中的"文件"→"新建"命令,或单击"标准"工具栏中的"新建"按钮 ,弹出"新建"对话框。在"模板"列表框中选择"模型"选项,在"名称"文本框中输入"活动钳口",单击"确定"按钮,进入UG主界面,如图2-1-10所示。

2. 绘制草图1

单击菜单栏中的"插入"→"草图"命令,或单击"特征"工具栏中的"草图"按钮 ,进入UG NX 12.0 "创建草图"对话框,如图2-1-11所示。单击确定默认选择XY平面作为工作平面绘制草图,绘制的草图1如图2-1-12所示。单击"草图生成器"工具栏中的"完成草图"按钮 ,草图绘制完毕。

41

CAD/CAM软件应用技术

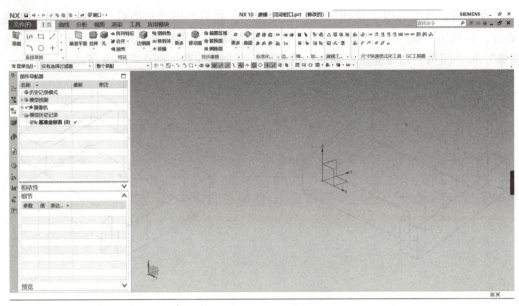

图 2-1-10　UG 主界面

图 2-1-11　"创建草图"对话框

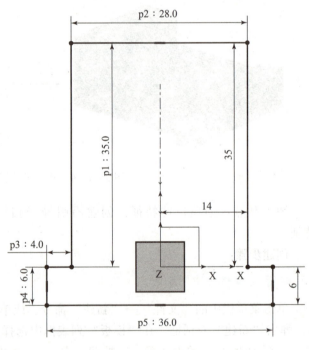

图 2-1-12　草图 1

3. 创建拉伸特征 1

Step 1　单击菜单栏中的"插入"→"设计特征"→"拉伸"命令，或单击"特征"工具栏中的"拉伸"按钮 ，弹出如图 2-1-13 所示的"拉伸"对话框，选择图 2-1-12 所示的草图 1。

Step 2　在"限制"面板的开始"距离"和结束"距离"文本框中分别输入"0"和"10"。

42

Step 3 单击"确定"按钮,创建的拉伸特征 1 如图 2-1-14 所示。

图 2-1-13 "拉伸"对话框

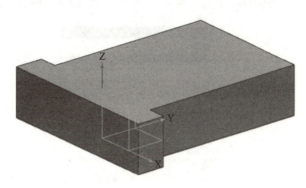

图 2-1-14 拉伸特征 1

4. 绘制草图 2

单击菜单栏中的"插入"→"草图"命令,或单击"特征"工具栏中的"草图"按钮 ,进入 UG NX 12.0 草图绘制界面。选择如图 2-1-15 所示的平面作为工作平面绘制草图,绘制的草图 2 如图 2-1-16 所示。单击"草图生成器"工具栏中的"完成草图"按钮 ,草图绘制完毕。

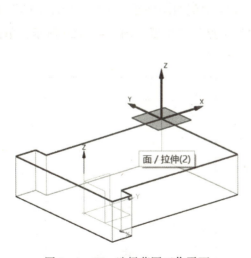

图 2-1-15 选择草图工作平面

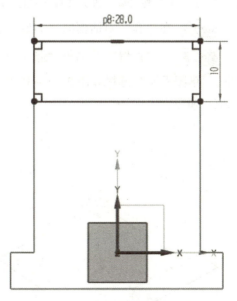

图 2-1-16 草图 2

5. 创建拉伸特征 2

Step 1 单击菜单栏中的"插入"→"设计特征"→"拉伸"命令,或单击"特征"工具栏中的"拉伸"按钮 ,弹出"拉伸"对话框,选择图 2-1-16 所示的草图 2。

Step 2 在"拉伸"对话框的"布尔"下拉列表中选择"求和"选项。

Step 3 在"限制"面板的"开始距离"和"结束距离"文本框中分别输入"0"和"8",如图 2-1-17 所示。

Step 4 单击"确定"按钮,创建的拉伸特征 2 如图 2-1-18 所示。

图 2-1-17 "拉伸"对话框

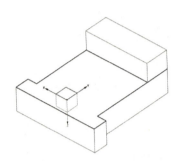

图 2-1-18 拉伸特征 2

6. 创建螺纹孔

Step 1 单击菜单栏中的"插入"→"设计特征"→"孔"命令,或单击"特征"工具栏中的"孔"按钮 ,进入 UG NX 12.0 孔创建界面。

Step 2 在"孔"对话框的"类型"下拉列表中选择"螺纹孔"选项。

Step 3 在"位置"对话框"指定点"后单击绘制截面图标 。进入"创建草图"对话框,"草图平面"选择如图 2-1-19 所示。"指定点"的位置如图 2-1-20 所示,单击"完成"命令。

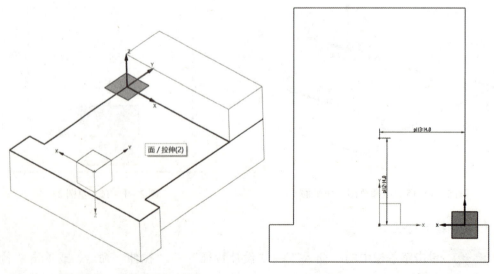

图 2-1-19 螺纹孔放置平面   图 2-1-20 创建"点"

Step 4 在"形状和尺寸"中设置"螺纹尺寸"的"大小"为 M12,"尺寸"的"深度"为 10,"布尔"运算为"求差",如图 2-1-21 所示。创建的"螺纹孔"特征如图 2-1-22 所示。

图 2-1-21 创建"孔"对话框

图 2-1-22 螺纹孔特征

三、零件 3 手柄

本例创建的手柄如图 2-1-23 所示。

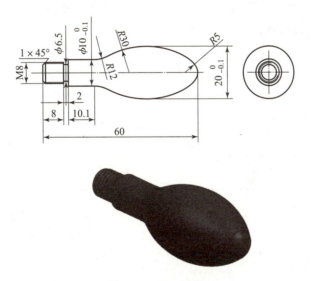

图 2-1-23 手柄

思路分析：首先利用"旋转"特征创建基体，然后利用"倒斜角"功能创建倒角，最后利用"螺纹"功能创建螺纹。其创建流程如图 2-1-24 所示。

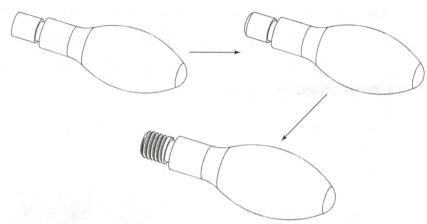

图 2-1-24 手柄创建流程

知识要点：创建旋转特征，创建倒斜角特征，创建螺纹特征。

创建步骤：

1. 新建文件

单击菜单栏中的"文件"→"新建"命令，或单击"标准"工具栏中的"新建"按钮，弹出"新建"对话框。在"模板"列表框中选择"模型"选项，在"名称"文本框中输入"手柄"，单击"确定"按钮，进入 UG 主界面。

2. 创建草图

单击菜单栏中的"插入"→"草图"命令，或单击"特征"工具栏中的"草图"按钮，进入 UG NX 12.0 "创建草图"对话框，单击"确定"默认选择 XY 平面作为工作平面绘制草图，绘制的草图如图 2-1-25 所示。单击"草图生成器"工具栏中的"完成草图"按钮，草图绘制完毕。

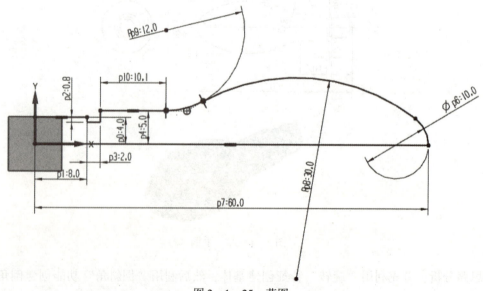

图 2-1-25 草图

3. 创建旋转特征

Step 1 单击菜单栏中的"插入"→"设计特征"→"旋转"命令，或单击"特征"工具栏中的"旋转"按钮，弹出如图 2-1-26 所示的"旋转"对话框，选择图 2-1-25 所示的草图。

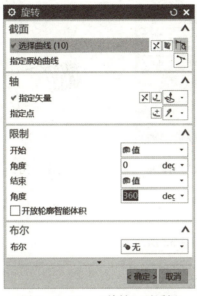

图 2-1-26 "旋转"对话框

Step 2 在"限制"面板的"开始角度"和"结束角度"文本框中分别输入"0"和"360"。

Step 3 单击"确定"按钮，创建的旋转特征如图 2-1-27 所示。

4. 创建倒斜角特征

单击"特征"工具栏中的"倒斜角"按钮，弹出"倒斜角"对话框，旋转两条边，在"偏置"面板的"距离"文本框中输入"1"。单击"确定"，创建的倒斜角如图 2-1-28 所示。

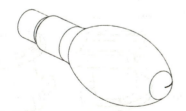

图 2-1-27 旋转特征

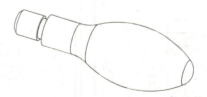

图 2-1-28 倒斜角特征

5. 创建螺纹特征

Step 1 单击"特征"工具栏中的"螺纹"按钮，弹出"螺纹"对话框。

Step 2 选取要创建螺纹的面，如图 2-1-29 所示。

图 2-1-29 选取"面"

Step 3 在"详细"文本框输入各数据,如图 2-1-30 所示,单击"确定",完成"螺纹"特征创建。手柄零件如图 2-1-31 所示。

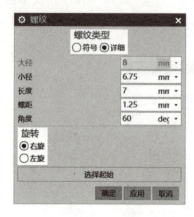

图 2-1-30 "螺纹"对话框

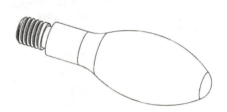

图 2-1-31 手柄

四、零件4 支柱

本例创建的支柱如图 2-1-32 所示。

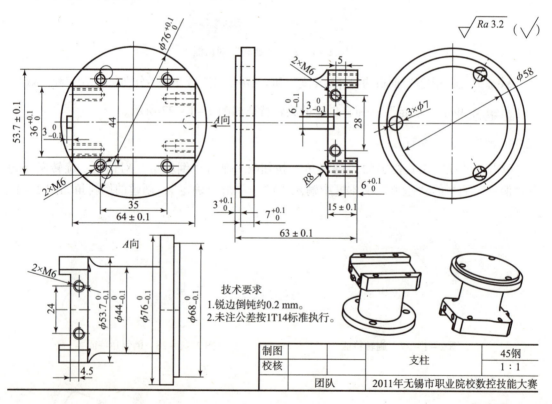

图 2-1-32 支柱

思路分析:首先利用"选择"特征创建圆形基体,然后利用"拉伸"特征创建支柱顶部,再利用"孔"命令创建圆孔,并利用"阵列""镜像"等功能对孔进行编辑,完成零件的创建。其创建流程如图2-1-33所示。

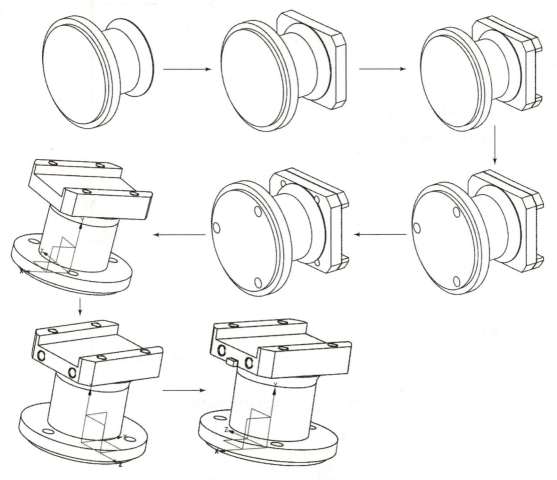

图2-1-33 支柱创建流程

知识要点：创建拉伸、选择特征，创建倒角、孔特征，创建阵列、镜像等特征。

创建步骤：

1. 新建文件

单击菜单栏中的"文件"→"新建"命令，或单击"标准"工具栏中的"新建"按钮，弹出"新建"对话框。在"模板"列表框中选择"模型"选项，在"名称"文本框中输入"支柱"，单击"确定"按钮，进入UG主界面。

2. 绘制草图1

单击菜单栏中的"插入"→"草图"命令，或单击"特征"工具栏中的"草图"按钮，进入UG NX 12.0"创建草图"对话框，如图2-1-34所示。单击确定默认选择XY平面作为工作平面绘制草图，绘制的草图1如图2-1-35所示。单击"草图生成器"工具栏中的"完成草图"按钮，草图绘制完毕。

图2-1-34 "创建草图"对话框

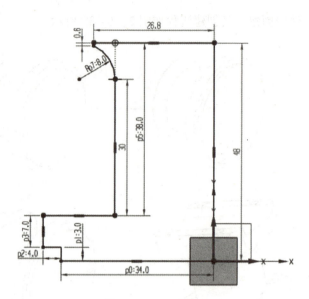

图2-1-35 草图1

3. 创建旋转特征

Step 1 单击菜单栏中的"插入"→"设计特征"→"旋转"命令,或单击"特征"工具栏中的"旋转"按钮,弹出如图2-1-36所示的"旋转"对话框,选择图2-1-37所示的"旋转矢量"轴。

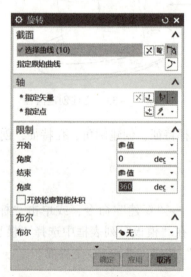

图2-1-36 "旋转"对话框

Step 2 在"限制"面板的开始"角度"和结束"角度"文本框中分别输入"0"和"360"。

Step 3 单击"确定"按钮,创建的旋转特征如图2-1-38所示。

项目二 虎钳的制作

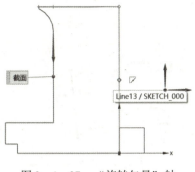

图 2-1-37 "旋转矢量"轴

图 2-1-38 旋转特征

4. 绘制草图 2

单击菜单栏中的"插入"→"草图"命令，或单击"特征"工具栏中的"草图"按钮，进入 UG NX 12.0 草图绘制界面。选择如图 2-1-39 所示的平面作为工作平面绘制草图，绘制的草图 2 如图 2-1-40 所示。单击"草图生成器"工具栏中的"完成草图"按钮，草图绘制完毕。

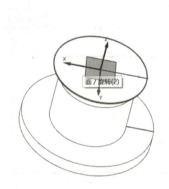

图 2-1-39 选择草图工作平面

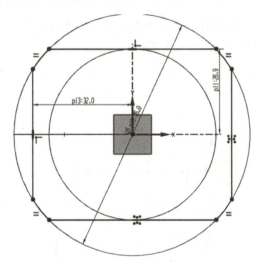

图 2-1-40 草图 2

5. 创建拉伸特征 1

Step 1 单击菜单栏中的"插入"→"设计特征"→"拉伸"命令，或单击"特征"工具栏中的"拉伸"按钮，弹出"拉伸"对话框，选择图 2-1-40 所示的草图 2。

Step 2 在"拉伸"对话框的"布尔"下拉列表中选择"求和"选项。

Step 3 在"限制"面板的"开始距离"和"结束距离"文本框中分别输入"0"和"9"，如图 2-1-41 所示。

Step 4 单击"确定"按钮，创建的拉伸特征 1 如图 2-1-42 所示。

51

图 2-1-41 "拉伸"对话框

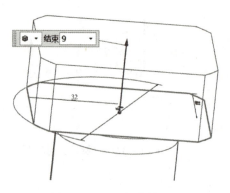

图 2-1-42 拉伸特征 1

6. 绘制草图 3

单击菜单栏中的"插入"→"草图"命令，或单击"特征"工具栏中的"草图"按钮，进入 UG NX 12.0 草图绘制界面。选择如图 2-1-43 所示的平面作为工作平面绘制草图，绘制的草图 3 如图 2-1-44 所示。单击"草图生成器"工具栏中的"完成草图"按钮，草图绘制完毕。

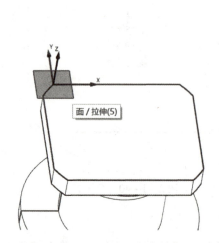

图 2-1-43 选择草图工作平面

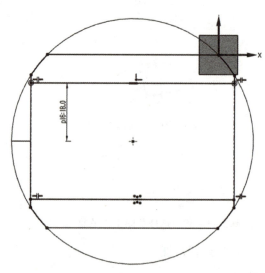

图 2-1-44 草图 3

7. 创建拉伸特征 2

Step 1 单击菜单栏中的"插入"→"设计特征"→"拉伸"命令，或单击"特征"工具栏中的"拉伸"按钮，弹出"拉伸"对话框，选择图 2-1-44 所示的草图 3。

Step 2 在"拉伸"对话框的"布尔"下拉列表中选择"求和"选项。

Step 3 在"限制"面板的开始"距离"和结束"距离"文本框中分别输入"0"和"6"，如图 2-1-45 所示。

Step 4 单击"确定"按钮,创建的拉伸特征2如图2-1-46所示。

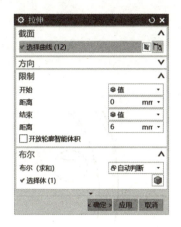

图2-1-45 "拉伸"对话框

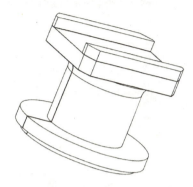

图2-1-46 拉伸特征2

8. 创建底部孔

Step 1 单击菜单栏中的"插入"→"设计特征"→"孔"命令,或单击"特征"工具栏中的"孔"按钮,进入UG NX 12.0孔创建界面。

Step 2 在"孔"对话框的"类型"下拉列表中选择"常规孔"选项。

Step 3 在"位置"对话框"指定点"后单击绘制截面图标。进入"创建草图"对话框,"草图平面"选择如图2-1-47所示。指定点的位置如图2-1-47所示,单击"完成"命令。

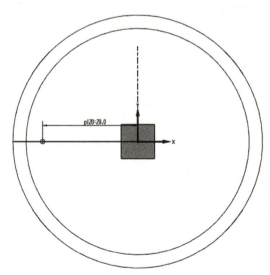

图2-1-47 创建"点"的位置

Step 4 在"形状和尺寸"中设置尺寸的"直径"为"7",尺寸的"深度"为"10","布尔"运算为"求差",如图2-1-48所示。创建的底部孔特征如图2-1-49所示。

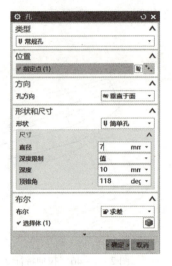

图 2-1-48 "孔"对话框　　　图 2-1-49 底部孔特征

9. 创建阵列特征 1

Step 1 单击"特征"工具栏中的"阵列特征"按钮，进入 UG NX 12.0 阵列特征创建界面。

Step 2 在"阵列特征"对话框的"选择特征（1）"中选择所需阵列的特征，如图 2-1-50 所示。

图 2-1-50 "阵列特征"对话框和阵列特征

Step 3 在"阵列定义"的"布局"中选择"圆形"布局，"旋转轴"的"指定矢量"为 Y 轴、"指定点"为原点，"角度方向"的"节距角"设置为"120"。单击"确定"，完成的阵列特征 1，如图 2-1-51 所示。

项目二 虎钳的制作

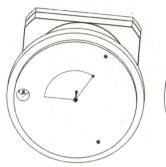
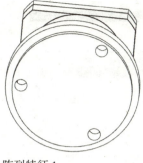

图 2-1-51 阵列特征 1

10. 创建顶部螺纹孔

Step 1 单击菜单栏中的"插入"→"设计特征"→"孔"命令，或单击"特征"工具栏中的"孔"按钮，进入 UG NX 12.0 孔创建界面。

Step 2 在"孔"对话框的"类型"下拉列表中选择"螺纹孔"选项。

Step 3 在"位置"对话框"指定点"后单击绘制截面图标。进入"创建草图"对话框，"草图平面"选择如图 2-1-52 所示。"指定点"的位置如图 2-1-53 所示，单击"完成"命令。

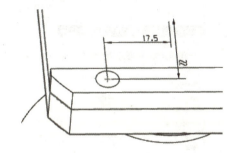

图 2-1-52 "草图平面"选择　　图 2-1-53 "指定点"的位置

Step 4 在"形状和尺寸"中设置"螺纹尺寸"的"大小"为"M6"，"尺寸"的"深度"为"15"，"布尔"运算为"求差"，如图 2-1-54 所示。创建的顶部螺纹孔特征如图 2-1-55 所示。

11. 创建阵列特征 2

Step 1 单击"特征"工具栏中的"阵列特征"按钮，进入 UG NX 12.0 阵列特征创建界面。

Step 2 在"阵列特征"对话框的"选择特征"中选择所需阵列的特征。

Step 3 在"阵列定义"对话框"布局"中选择"线性"，"方向 1"里"指定矢量"的"数量"为"2"，指定"节距"为"35"。如果方向相反，则可设置为"-35"，"方向 2"里"指定矢量"的"数量"为"2"，指定"节距"为"-44"，如图 2-1-56 所示。单击"确定"，完成的阵列特征 2 如图 2-1-57 所示。

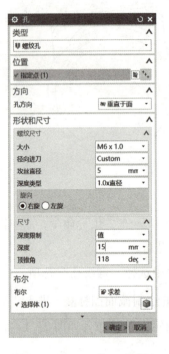

图2-1-54 "孔"对话框

图2-1-55 顶部螺纹孔特征

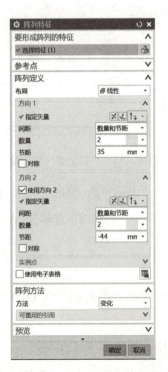

图2-1-56 "阵列特征"对话框

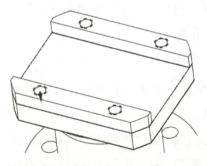

图2-1-57 阵列特征2

12. 创建侧面螺纹孔

Step 1 单击菜单栏中的"插入"→"设计特征"→"孔"命令,或单击"特征"工

56

具栏中的"孔"按钮，进入 UG NX 12.0 孔创建界面。

Step 2 在"孔"对话框的"类型"下拉列表中选择"螺纹孔"选项。

Step 3 在"位置"对话框"指定点"后单击绘制截面图标。进入"创建草图"对话框，旋转"草图平面"。"指定点"的位置如图 2－1－58 所示，点击"完成"命令。

Step 4 在"形状和尺寸"中设置"螺纹尺寸"的"大小"为"M6"，"尺寸"的"深度"为"15"，"布尔"运算为"求差"，如图 2－1－59 所示。创建侧面螺纹孔特征。

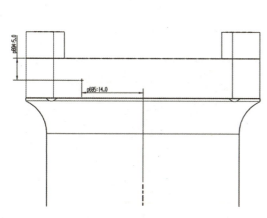

图 2－1－58　"指定点"的位置　　　　图 2－1－59　"孔"对话框

13. 创建镜像特征

Step 1 单击"特征"工具栏中的"镜像特征"按钮，进入 UG NX 12.0 阵列特征创建界面。

Step 2 在"镜像特征"对话框的"选择特征"中选择所需镜像的特征，如图 2－1－60 所示。

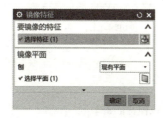 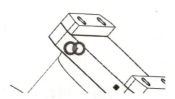

图 2－1－60　"镜像特征"对话框和镜像特征

Step 3 在"镜像平面"对话框"选择平面"中选择如图 2-1-61 所示平面。单击"确定",完成的镜像特征如图 2-1-62 所示。

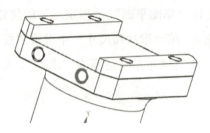

图 2-1-61 "镜像"平面　　　　　　图 2-1-62 镜像特征

14. 创建对面螺纹孔

参照 12、13 条方法创建对面螺纹孔,如图 2-1-63 所示。

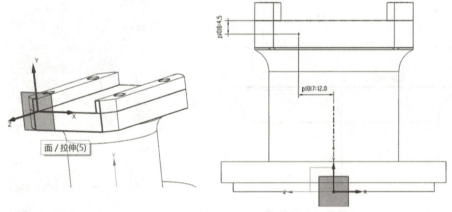

图 2-1-63 对面螺纹孔

15. 创建拉伸特征 3

参照前述拉伸特征创建方法创建图 2-1-64 所示的拉伸特征 3。

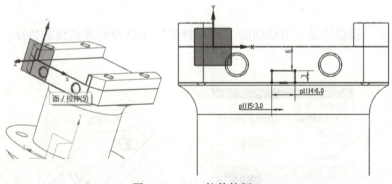

图 2-1-64 拉伸特征 3

【任务总结】

本任务通过四个典型实例介绍了 UG 建模的方法，介绍了创建草图平面、编辑曲线等的基本操作；拉伸、回转、扫掠实体的创建方法；创建孔、倒角、圆角等特征操作；以及求和、求差、阵列、镜像等特征操作，旨在开拓学生的创建思路，提高其实体创建的基本技巧。

知识拓展

本任务主要涉及了拉伸、旋转等基于草图的成形特征，对于一些曲面或形状复杂的管道，我们还需用到以下特征。

一、基于草图的特征

1. 沿引导线扫掠

通过沿一条引导线（路径）拉伸一开口或封闭的截面线串、曲线、边缘或表面去建立一个实体（图2-1-65）。

2. 管道

通过沿一个或多个引导曲线对象扫描用户定义的圆形横截面去建立一个实体。利用这个选项去建立导线、绳束、管子、电缆或管道系统。

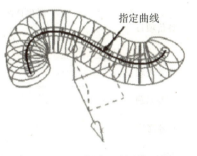

图2-1-65　利用"沿引导线扫掠"创建的扫描实体　　　图2-1-66　创建"管道"特征

二、基于实体的特征

1. 打孔

孔是在实体上建立简单孔、沉头孔或埋头孔。

2. 腔体

腔体在实体上建立型腔，其类型主要包括圆柱形型腔、矩形型腔和常规型腔。

3. 键槽

键槽是指创建一个直槽的通道穿透实体或通到实体内，在当前目标实体上自动执行求差操作。所有键槽类型的深度值均按垂直于平面放置面的方向测量。键槽在机械工程中应用广泛，通常情况用于各种轴类、齿轮等产品上，起到轴向定位和传递扭矩的作用。

4. 凸台

凸台是在指定实体面的外表面生成实体。

5. 槽

沟槽用于用户在实圆柱形或圆锥形面上创建一个槽，就好像一个成形工具在旋转部件上向内（从外部定位面）或向外（从内部定位面）移动，如同车削操作。沟槽在选择该面的位置附近创建并自动连接到选定的面上。

6. 加强筋

加强筋用于加强零件的强度、硬度和柔韧性，使零件不容易变形或断裂。

三、体素特征

体素特征是基本解析形状的一个实体，它可以用作实体建模初期的基本形状。当建立一个体素时，必须规定它的类型与尺寸以及在模型空间的位置与方位，其中包括长方体、圆柱体、圆锥体、球体等。

【任务评价】

评价内容					学生姓名				评价日期			
评价项目	学生自评				生生互评				教师评价			
	优	良	中	差	优	良	中	差	优	良	中	差
课堂表现												
回答问题												
作业态度												
知识掌握												
综合评价				寄语								

任务二　零件工程图的绘制

【任务目标】

知识目标：（1）掌握创建零件工程图的方法。

项目二 虎钳的制作

(2) 掌握标注工程图尺寸的方法。
(3) 掌握标注技术要求的方法。

技能目标：(1) 会创建零件工程图。
(2) 会标注工程图尺寸。
(3) 会标注技术要求。

【任务分析】

利用 UG 的 Modeling（实体建模）功能创建的零件和装配模型，可以引用到 UG 的 Drafting（工程图）功能中，快速地生成二维工程图样。由于 UG 的 Drafting 功能所建立的二维工程图是投影三维实体模型得到的，因此，二维工程图与三维实体模型是完全关联的，实体模型的尺寸、形状和位置的任何改变，都会使得二维工程图作出相应变化。

本任务以底座、支架等工程图的创建为例，介绍 UG 工程图的建立和编辑方法，包括工程图管理、添加视图、编辑视图、标注尺寸、形位公差、表面粗糙度、输入文本和输出工程图等内容。

【知识准备】

工程图是工程界的"技术交流语言"，在产品的研发、设计和制造等过程中，各类技术人员需要经常进行交流和沟通，工程图则是经常使用的交流工具。尽管随着科学技术的发展，3D 设计技术有了很大的发展与进步，但是三维模型并不能将所有的设计信息表达清楚，有些信息例如尺寸公差、形位公差和表面粗糙度等，仍然需要借助二维的工程图将其表达清楚。因此工程图是产品设计中较为重要的环节，也是设计人员最基本的能力要求。

利用 UG NX 12.0 的实体建模模块创建的零件和装配体主模型，可以引用到 UG 的工程图模块中，通过投影快速地生成二维工程图。由于 UG NX 12.0 的工程图功能是基于创建三维实体模型的投影所得到的，因此工程图与三维实体模型是完全相关的，对实体模型进行的任何编辑操作，都会在三维工程图中引起相应的变化。

一、工程图的创建与编辑

(1) 工程图的建立。进入工程图功能时，系统会按缺省设置，自动新建一张工程图，其图名默认为 SH1。系统生成的工程图中的设置不一定理想，因此，在添加视图前，用户最好新建一张工程图，按输出三维实体的要求来指定工程图的名称、图幅大小、绘图单位、视图省缺比例和投影角度等工程图参数。

在工具栏中单击"新建"，会弹出"新建工程图"对话框。在该对话框中，输入图样名称、指定图样尺寸、比例、投影角度和单位等参数后，即可完成新建工程图的工作。这时在绘图工作区中会显示新设置的工程图，其工程图名称显示于绘图工作区左下角的位置。

(2) 打开工程图。
(3) 删除工程图。
(4) 编辑工程图。

二、视图的创建与管理

1. 添加视图

选择菜单命令"图纸"→"添加视图",会弹出"添加视图"对话框。该对话框上部的图标选项用于指定添加视图的类型;对话框中部是可变显示区,用户选取的添加视图类型不同时,其中显示的选项也有所区别;对话框下部是与添加视图类型相对应的参数设置选项。利用该对话框,用户可在工程图中添加模型视图、投影视图、向视图、局部放大图和各类剖视图。

(1) 利用"输入视图"功能建立基准视图。在空白的图纸上建立的第一个视图称为基准视图,基准视图可以是任意的模型定位视图。

(2) 产生正交投影视图。对于某一选取视图,可以在其正交的四个方向上产生投影视图。

(3) 建立辅助视图。辅助视图用于表示非正交方向上的投影视图,视图投影方向垂直于所定义的翻转线(Hinge Line)。

建立步骤:

①选取某一视图作为父视图。

②利用矢量功能指定翻转线,翻转线可以在任何视图内,但父视图确定翻转线的方位。

③拖动鼠标到图形窗口,视图会在垂直于翻转线的方向上移动,选择适当的位置放置辅助视图。

(4) 建立局部详细视图。"局部视图"功能可以产生圆形或矩形的局部区域详细视图。

建立步骤:

①选择局部视图图标,输入视图比例。

②打开"圆形边界"选项;定义圆心(局部视图中心)和圆上一点画一个圆,然后移动光标到图纸适当的位置放置视图。

③如果产生矩形局部视图,则需要选取一个父视图,然后拖动鼠标产生一矩形区域,释放鼠标,并移动光标到图纸适当的位置放置视图。

(5) 简易剖视图。通过定义一个平面将零件分割并指定视图方向产生剖视图。

建立步骤:

①选择要作剖视图的父视图。

②利用"矢量"功能定义剖视图的翻转线,系统显示剖视图的方向,可以利用"反转"(Reverse Vector)选项切换投影方向。

③按"应用",系统显示"定义剖切线"对话框。

④指定要作剖视图的位置点(可以利用锁点模式辅助选取)。

⑤按"确定",移动光标到图纸适当的位置放置视图。

(6) 阶梯剖视图。通过建立线性阶梯状剖切线产生阶梯剖视图。需要指定多个剖切线、转角线和箭头,且所有转角线和箭头必须与相邻的剖切线垂直。建立步骤同上。

(7) 半剖视图。使视图一半为剖视图,另一半为正常视图。

(8) 旋转剖视图。旋转剖视图是绕着一个轴旋转建立的剖面视图。

建立步骤：
①选择要作剖视图的父视图。
②利用"矢量"功能定义剖视图的翻转线，系统显示剖视图的方向。
③按"应用"，系统显示"定义剖切线"对话框。
④定义旋转中心点。
⑤对于第一个支脚（Leg），利用"剖切"选项和"转角"选项定义剖切位置和转角位置。
⑥选择下一个支脚（Next Leg）选项，利用同样的方法定义第二个支脚。
⑦按"确定"，移动光标到图纸适当的位置放置视图。

2. 尺寸标注

尺寸标注用于标识对象的尺寸大小。由于 UG 工程图模块和三维实体造型模块是完全关联的，因此，在工程图中进行尺寸标注的就是直接引用三维模型的尺寸。如果三维模型被修改，工程图中的相应尺寸会自动更新，从而保证了工程图与模型的一致性。

标注尺寸时，根据所要标注的尺寸类型，先在尺寸类型图标中选择对应的图标，接着用点和线位置选项设置选择对象的类型，再选择尺寸放置方式和箭头、延长的显示类型。如果需要附加文本，则还要设置附加文本的放置方式和输入文本内容。如果需要标注公差，则要选择公差类型和输入上下偏差。完成这些设置以后，将鼠标移到视图中，选择要标注的对象，并拖动标注尺寸到理想的位置，则系统即在指定位置创建一个尺寸的标注。下面介绍一下"尺寸标注"对话框中各选项的用法。

"尺寸类型"选项卡用于选取尺寸标志的标注样式和标注符号。在标注尺寸前，先要选择尺寸的类型。该选项卡中包含了 14 种类型的尺寸标注方式。各种尺寸标注方式的用法如下。

快速：该选项由系统自动推断出选用哪种尺寸标注类型进行尺寸标注。
线性：该选项用于标注工程图中所选对象间的水平、垂直尺寸。
径向：该选项用于标注工程图中所选圆或圆弧的半径尺寸，但标注不过圆心。
倒斜角：该选项用于标注工程图中倒斜角尺寸。
角度：该选项用于标注工程图中所选两直线之间的角度。
（1）角度是沿逆时针方向从第一个对象指向第二个对象。
（2）尺寸的位置取决于选取的点的位置。

3. 文本注释的标注

文本注释都是要通过注释编辑器来标注的，在工具栏中单击 A 或选择菜单命令"插入"→"注释"，会弹出"注释编辑器"对话框。

在标注文本注释时，根据标注内容，首先设置这些文本注释的参数选项，如文本的字型、颜色、字体的大小，粗体或斜体的方式、文本角度、文本行距和是否垂直放置文本。然后在编辑窗口中输入文本的内容，输入的文本会在预览窗口中显示。如果输入的内容不符合要求，可再在编辑窗口中对输入的内容进行修改。输入文本注释后，在"注释编辑器"对话框下部选择一种定位文本的方式，按前述定位方法，将文本定位到视图中。

如果要修改已存在的文本注释内容，可先在视图中选择要修改的文本。所选文本会显示于文本编辑器中，用户再根据需要修改相应的文本内容、字型、字体、颜色、大小和行距等参数即可。

4. 形位公差的标注

当要在视图中标注形位公差时，点击特征控制框符号，弹出"特征控制框"对话框。首先要选择公差框架格式，可根据需要选择单个框架或组合框架。然后选择形位公差项目符号，并输入公差数值和选择公差的标准。如果是位置公差，还应选择参考线和基准符号。设置后的公差框会在预览窗口中显示，如果不符合要求，可在编辑窗口中进行修改。完成公差框设置以后，在特征控制框原点指定位置将形位公差框定位在视图中。

如果要编辑已存在的形位公差符号，可在视图中直接双击要编辑的公差符号。所选符号在视图中会加亮显示，其内容也会显示在特征控制框的编辑窗口中，用户可对其进行修改。

5. 表面粗糙度的标注

当要在视图中标注表面粗糙度时，点击表面粗糙度符号√，弹出"表面粗糙度"对话框。标注表面粗糙度时，先在对话框上部选择表面粗糙度符号类型，再在对话框的可变显示区中依次设置该粗糙度类型的单位、文本尺寸和相关参数。如果需要，还可以在括号下拉列表框中选择括号类型。在指定各参数后，再在对话框下部指定粗糙度符号的方向和选择与粗糙度符号关联的对象类型，最后在绘图工作区中选择指定类型的对象，确定标注粗糙度符号的位置，则系统就可按设置的要求标注表面粗糙度符号。

【任务实施】

一、工程图 1　底座

1. 进入图纸模块

单击"文件"→"新建"，在"新建"对话框中选择图纸类型，过滤器关系选择"引用现有部件"，选择"A3－无视图"图纸，单击按钮，选择要创建图纸的部件为"底座"，弹出默认新文件名为"底座_dwg1.prt"，如图 2－2－1 所示。单击"确定"，进入 UG 工程图界面，出现"视图创建向导"对话框，单击"方向"选项卡，选择"俯视图"，则在绘图区域出现俯视图，如图 2－2－2 所示，单击"完成"。

2. 创建全剖视图为主视图

单击剖视图图标，弹出"剖视图"对话框，单击俯视图圆弧中心，如图 2－2－3 所示。鼠标向上拖动，将视图放置到合适位置，完成全剖视图的创建，如图 2－2－4 所示。

3. 创建尺寸

单击快速尺寸图标，弹出"快速尺寸"对话框，如图 2－2－5 所示。选择尺寸对象，创建如图 2－2－6 所示尺寸。

项目二 虎钳的制作

图 2-2-1 "新建-图纸"对话框

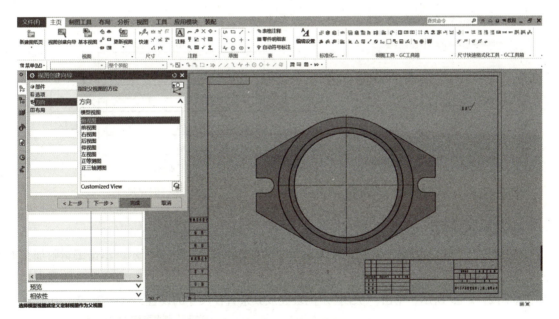

图 2-2-2 图纸主界面

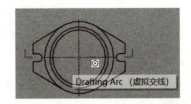

图 2-2-3 创建剖视图

65

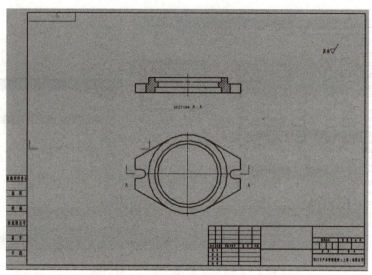

图 2-2-4　全剖视图

图 2-2-5　"快速尺寸"对话框

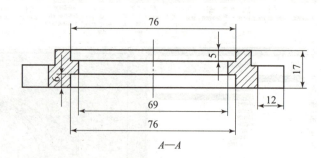

图 2-2-6　创建尺寸

4. 编辑尺寸 1

双击尺寸"76",弹出"线性尺寸编辑"对话框,如图 2-2-7 所示。单击编辑附加文本图标,弹出"附加文本"对话框,如图 2-2-8 所示。单击"符号"选项卡,选择直径图标,如图 2-2-9 所示,单击"关闭"。同理完成其余直径尺寸的设置,如图 2-2-10 所示。

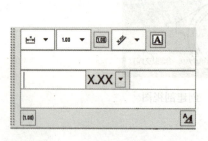

图 2-2-7　"线性尺寸编辑"对话框

图 2-2-8　"附加文本"对话框

5. 编辑尺寸2

双击尺寸"76",弹出"线性尺寸编辑"对话框。单击文本设置图标,弹出"设置"对话框,单击"公差"选项卡,如图2-2-11所示。选择"单向正公差","公差上限"为0.1000。单击"关闭"。同理完成其余尺寸公差的设置,如图2-2-12所示。

图2-2-9 尺寸设置

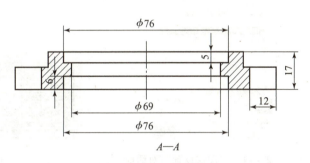

图2-2-10 完成设置

图2-2-11 "设置"对话框

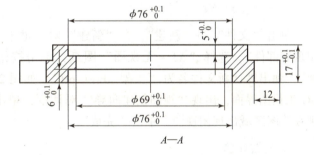

图2-2-12 完成创建

6. 输入技术要求

单击注释图标,弹出"注释"对话框,在"文本输入"的"技术要求"中,选择合适位置放置,如图2-2-13所示。

图2-2-13 "注释"对话框

7. 编辑标题栏

按住"Ctrl + L"组合键，打开"图层设置"对话框，把图框所在的层设置成可操作，如图 2 – 2 – 14 所示。单击"关闭"。然后双击标题栏中需要修改的表格，输入文本，如图 2 – 2 – 15 所示，完成底座图纸的创建过程。

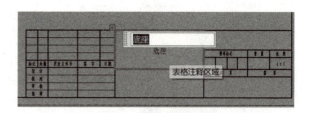

图 2 – 2 – 14　"图层设置"对话框　　　　　图 2 – 2 – 15　输入文本

二、工程图 2　支架

1. 进入图纸模块

单击"文件"→"新建"，在"新建"对话框中选择图纸类型，过滤器关系选择"引用现有部件"，选择"A3 – 无视图"图纸，单击按钮，选择要创建图纸的部件为"支架"，弹出默认新文件名为"支架_dwg1.prt"，如图 2 – 2 – 16 所示。单击"确定"，进入 UG 工程图界面，出现"视图创建向导"对话框，单击"方向"选项卡，选择"俯视图"，则在绘图区域出现俯视图，单击"完成"。

2. 设置比例

在图纸页上右击，选择"编辑图纸页"，进入"图纸页"编辑界面，设置比例为 2∶1，如图 2 – 2 – 17 所示。

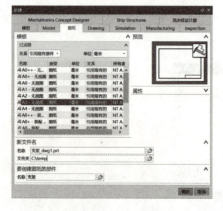

图 2 – 2 – 16　"新建"向导　　　　　图 2 – 2 – 17　"图纸页"对话框

3. 创建截面线

单击创建截面线图标，弹出"截面线"对话框，选择主视图，定义截面线如图2-2-18所示。单击"完成"命令。选择剖切方法为"简单剖/阶梯剖"，方向为"反向"，如图2-2-19所示，单击"确定"。

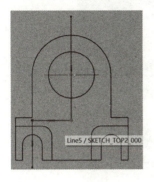

图2-2-18 定义截面线

图2-2-19 "截面线"对话框

4. 创建阶梯剖视图

单击剖视图图标，弹出"剖视图"对话框，截面线定义为"选择现有的"，单击绘制的截面线，鼠标向右拖动，将视图放置到合适位置，完成阶梯剖视图的创建，如图2-2-20所示。将剖视图移至下方。

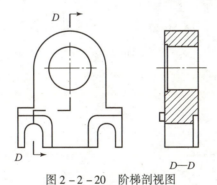

图2-2-20 阶梯剖视图

5. 放置后视图

单击创建投影视图图标，弹出"投影视图"对话框，创建如图2-2-21所示投影视图1，采用同样方法创建如图2-2-22所示投影视图2。

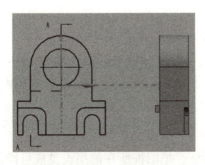

图2-2-21 投影视图1

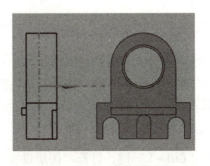

图2-2-22 投影视图2

6. 创建剖视图

利用之前所学方法创建如图2-2-23（a）所示剖视图，完成视图的放置，如图2-2-23（b）所示。

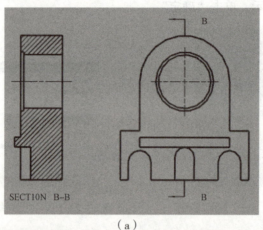

（a）

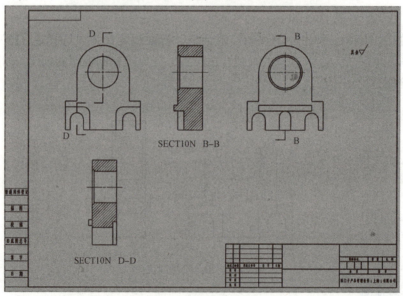

（b）

图2-2-23 完成视图

7. 创建尺寸

参考底座尺寸创建方法，创建完成支架尺寸。

8. 输入技术要求

单击注释图标 A ，弹出"注释"对话框，在"文本输入"的"技术要求"中，选择合适位置放置。

9. 编辑标题栏

按住"Ctrl + L"键，打开"图层设置"对话框，把图框所在的层设置成可操作，单击

"关闭"。然后双击标题栏中需要修改的表格，输入文本，完成支架图纸的创建过程。

【任务总结】

本任务介绍了 UG 工程图模块中的常用功能。在 UG 环境中，任何一个三维模型，都可以通过不同的投影方法、不同的图样尺寸和不同的比例建立多样的二维工程图。工程图功能与生产加工的环节密切相关。通过本任务的学习，能够掌握像工程图管理、创建视图与剖视图的应用、尺寸和工程图符号的标注这些主要的操作功能。需要注意的是，在创建和标注工程图时，一定要符合国家标准。

知识拓展

UG 的默认设置是国际通用的制图标准，其中很多选项不符合我国国家标准，所以在创建工程图之前，一般需要对工程图参数进行预设置，避免后续的大量修改工作，提高工作效率。通过工程图参数的预设置，可以控制箭头的大小和形状、线条的粗细、不可见线的显示与否、标注样式和字体大小等。但这些预设置只对当前文件和以后添加的视图有效，而对于在设置之前添加的视图则需要通过视图编辑器来修改。其中主要包括边框的消隐，以及尺寸和箭头、剖切线参数、视图参数等的设置。

【任务评价】

评价内容				学生姓名			评价日期			
评价项目	学生自评				生生互评			教师评价		
	优	良	中	差	优	良	中	差	优	良	中	差
课堂表现												
回答问题												
作业态度												
知识掌握												
综合评价				寄语								

任务三　零件装配图的绘制

【任务目标】

知识目标：（1）掌握创建零件装配图的方法。
　　　　　（2）掌握添加零件之间约束关系的方法。
　　　　　（3）掌握绘制装配工程图的方法。
技能目标：（1）会创建零件装配图。
　　　　　（2）会添加零件之间的约束关系。
　　　　　（3）会绘制装配工程图。

【任务分析】

一个产品（组件）往往是由多个部件组合（装配）而成的，装配模块用来建立部件间的相对位置关系，从而形成复杂的装配体。部件间位置关系的确定主要通过添加约束实现。本任务主要将创建的虎钳（图2-3-1）各部位零件进行装配约束，让学生掌握创建装配体的基本方法。

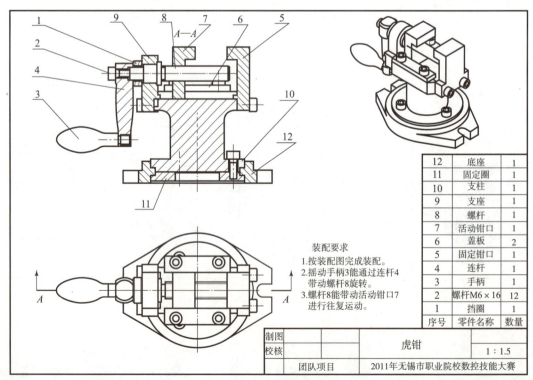

图2-3-1　虎钳

【知识准备】

UG 装配过程是在装配中建立部件之间的链接关系。它是通过关联条件在部件间建立约束关系来确定部件在产品中的位置。在装配中，部件的几何体是被装配引用，而不是复制到装配中。不管如何编辑部件和在何处编辑部件，整个装配部件保持关联性，如果某部件被修改，则引用它的装配部件自动更新，反映部件的最新变化。

一、装配的概念

UG 装配模块不仅能快速组合零部件成为产品，而且在装配中，可参照其他部件进行部件关联设计，并可对装配模型进行间隙分析、重量管理等操作。装配模型生成后，可建立爆炸视图，并可将其引入装配工程图中；同时，在装配工程图中可自动产生装配明细表，并能对轴测图进行局部挖切。

二、装配的术语

1. 装配部件

装配部件是由零件和子装配构成的部件。在 UG 中允许向任何一个部件文件中添加部件构成装配，因此任何一个部件文件都可以作为装配部件。在 UG 中，零件和部件不必严格区分。需要注意的是，当存储一个装配时，各部件的实际几何数据并不是存储在装配部件文件中，而是存储在相应的部件（即零件文件）中。

2. 子装配

子装配是在高一级装配中被用作组件的装配，子装配也拥有自己的组件。子装配是一个相对的概念，任何一个装配部件可在更高级装配中用作子装配。

3. 组件对象

组件对象是一个从装配部件链接到部件主模型的指针实体。一个组件对象记录的信息有：部件名称、层、颜色、线型、线宽、引用集和配对条件等。

4. 组件

组件是装配中由组件对象所指的部件文件。组件可以是单个部件（即零件），也可以是一个子装配。组件是由装配部件引用而不是复制到装配部件中的。

5. 单个零件

单个零件是指在装配外存在的零件几何模型，它可以被添加到一个装配中去，但它本身不能含有下级组件。

6. 自顶向下装配

自顶向下装配是指在装配级中创建与其他部件相关的部件模型，是在装配部件的顶级向下产生子装配和部件（即零件）的装配方法。

7. 自底向上装配

自底向上装配是先创建部件几何模型，再组合成子装配，最后生成装配部件的装配方法。

8. 混合装配

混合装配是将自顶向下装配和自底向上装配结合在一起的装配方法。例如先创建几个主要部件模型，再将其装配在一起，然后在装配中设计其他部件，即为混合装配。在实际设计中，可根据需要在两种模式之间切换。

9. 主模型

主模型是供 UG 模块共同引用的部件模型。同一主模型，可同时被工程图、装配、加工、机构分析和有限元分析等模块引用。当主模型被修改时，相关应用自动更新。当主模型被修改时，有限元分析、工程图、装配和加工等应用都根据部件主模型的改变自动更新。

【任务实施】

1. 进入装配模块

单击"文件"→"新建"，在"新建"对话框中选择装配类型，新文件名为"虎钳.prt"。进入 UG 装配界面，出现"添加组件"对话框，如图 2-3-2 所示。

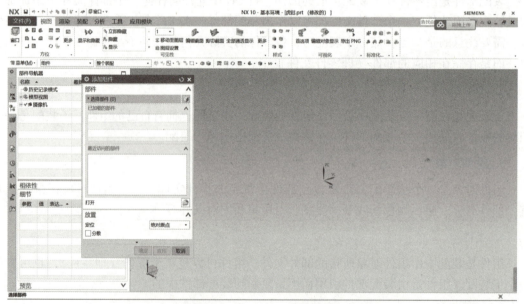

图 2-3-2　UG 装配界面

2. 添加组件 1

在"添加组件"对话框中单击打开图标，选择底座零件图，在已加载部件中出现底座零件，在"放置"的"定位"中选择"绝对原点"，如图 2-3-3 所示。单击"应用"，同时在装配导航器中出现"底座"选项，如图 2-3-4 所示，底座装配完成。

项目二 虎钳的制作

图2-3-3 "添加组件"对话框

图2-3-4 装配导航器

3. 添加组件2

Step 1 在"添加组件"对话框中单击打开图标,选择支柱零件图,单击"确定",出现组件预览界面,如图2-3-5所示。"定位"方式选择"通过约束",如图2-3-6所示。单击"应用",弹出如图2-3-7所示"装配约束"对话框。

图2-3-5 "组件预览"界面

图2-3-6 "通过约束"定位

图2-3-7 "装配约束"对话框

75

Step 2 在"装配约束"对话框"要约束的几何体"选项中选择"方位"为"自动判断中心/轴",创建约束条件1:选择两个对象分别为如图2-3-8所示底座的圆柱面和支柱的圆柱面,自动约束对齐。

图2-3-8 创建约束1(组件2)

Step 3 创建约束条件2:选择两个对象分别为如图2-3-9所示底座的面和支柱的面,约束接触对齐,单击"确定"。同时在"装配导航器"中"约束"条件下有"对齐"和"接触"两种约束条件,如图2-3-10所示。

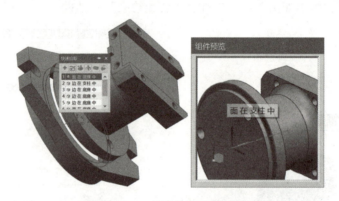

图2-3-9 创建约束2(组件2)

图2-3-10 约束条件

Step 4 创建约束条件3:选择两个对象分别为如图2-3-11所示底座的面和支柱的面,约束两平面平行,单击"确定"。

图 2-3-11 创建约束 3（组件 2）

4. 添加组件 3

Step 1 在"添加组件"对话框中单击打开图标，选择固定圈零件，单击"确定"，在"定位"的"方式"中选择"通过约束"，单击"应用"，弹出"装配约束"对话框。

Step 2 在"装配约束"对话框的"要约束的几何体"选项中将"方位"选择为"自动判断中心/轴"，创建约束条件 1：选择两个对象分别为如图 2-3-12 所示底座的圆柱面和支柱的圆柱面，自动约束对齐。

图 2-3-12 创建约束 1（组件 3）

Step 3 在"装配约束"对话框的"要约束的几何体"选项中将"方位"选择为"自动判断中心/轴"，创建约束条件 2：选择两个对象分别为如图 2-3-13 所示底座的圆柱面和支柱的圆柱面，自动约束对齐。

图 2-3-13 创建约束 2（组件 3）

Step 4 在"装配约束"对话框的"要约束的几何体"选项中将"方位"选择为"自动判断中心/轴"，创建约束条件 3：选择两个对象分别为如图 2-3-14 所示底座的面和支柱的面，自动约束对齐。至此完成固定圈的约束。

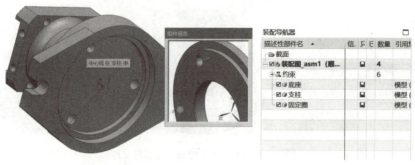

图 2-3-14　创建约束 3（组件 3）

5. 添加组件 4

Step 1　在"添加组件"对话框中单击打开图标，选择固定钳口零件图，单击"确定"，出现组件预览界面。在"定位"的"方式"中选择"通过约束"，单击"应用"，弹出"装配约束"对话框。

Step 2　在"装配约束"对话框的"要约束的几何体"选项中将"方位"选择为"自动判断中心/轴"，创建约束条件 1：选择两个对象分别为如图 2-3-15 所示支柱的平面和固定钳口的平面，自动约束对齐。

图 2-3-15　创建约束 1（组件 4）

Step 3　在"装配约束"对话框的"要约束的几何体"选项中将"方位"选择为"自动判断中心/轴"，创建约束条件 2：选择两个对象分别为如图 2-3-16 所示支柱的平面和固定钳口的平面，自动约束对齐。

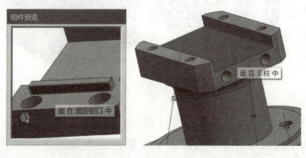

图 2-3-16　创建约束 2（组件 4）

Step 4 在"装配约束"对话框的"要约束的几何体"选项中将"方位"选择为"自动判断中心/轴",创建约束条件3:选择两个对象分别为如图2-3-17所示固定钳口孔的圆柱面中心线和支柱孔的中心线,自动约束对齐。

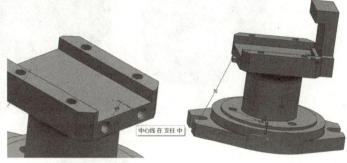

图2-3-17 创建约束3(组件4)

6. 添加组件5

Step 1 在"添加组件"对话框中单击打开图标,选择固定钳口零件图,单击"确定",出现"组件预览"界面。在"定位"的"方式"中选择"通过约束",单击"应用",弹出"装配约束"对话框。

Step 2 在"装配约束"对话框的"要约束的几何体"选项中将"方位"选择为"自动判断中心/轴",创建约束条件1:选择两个对象分别为如图2-3-18所示支柱的平面和支架的平面,自动约束对齐。

图2-3-18 创建约束1(组件5)

Step 3 在"装配约束"对话框的"要约束的几何体"选项中将"方位"选择为"自动判断中心/轴",创建约束条件2:选择两个对象分别为如图2-3-19所示支柱的平面和支架的平面,自动约束对齐。

Step 4 在"装配约束"对话框的"要约束的几何体"选项中将"方位"选择为"自动判断中心/轴",创建约束条件3:选择两个对象分别为如图2-3-20所示支柱的平面和支架的平面,自动约束对齐。

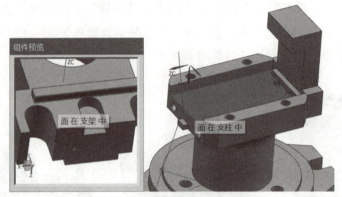

图 2-3-19 创建约束 2（组件 5）

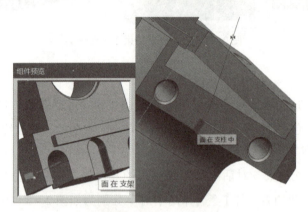

图 2-3-20 创建约束 3（组件 5）

7. 添加组件 6

Step 1 在"添加组件"对话框中单击打开图标，选择螺杆零件图，单击"确定"，出现"组件预览"界面。将"定位"的"方式"选择为"通过约束"，单击"应用"，弹出"装配约束"对话框。

Step 2 在"装配约束"对话框的"要约束的几何体"选项中将"方位"选择为"自

动判断中心/轴",创建约束条件1:选择两个对象分别为如图2-3-21所示螺杆的面和支架的面,自动约束对齐。

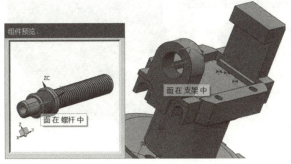

图2-3-21 创建约束1(组件6)

Step 3 在"装配约束"对话框的"要约束的几何体"选项中将"方位"选择为"自动判断中心/轴",创建约束条件2:选择两个对象分别为如图2-3-22所示螺杆的面和支架的面,自动约束对齐。

Step 4 在"装配约束"对话框的"类型"中选择"平行"约束:选择两个对象分别为如图2-3-23所示固定钳口的顶面和螺杆的顶面,自动约束对齐。

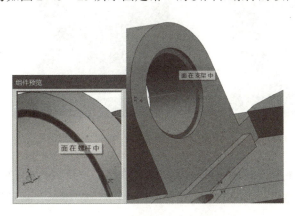

图2-3-22 创建约束2(组件6)

图2-3-23 创建约束3(组件6)

8. 添加组件7

Step 1 在"添加组件"对话框中单击打开图标,选择活动钳口零件图,单击"确定",出现"组件预览"界面。将"定位""方式"选择为"通过约束",单击"应用",弹出"装配约束"对话框。

Step 2 在"装配约束"对话框的"要约束的几何体"选项中将"方位"选择为"自动判断中心/轴",创建约束条件1:选择两个对象分别为如图2-3-24所示活动钳口的底面和支柱的面,自动约束对齐。

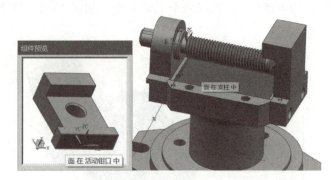

图 2-3-24 创建约束 1（组件 7）

Step 3 在"装配约束"对话框的"要约束的几何体"选项中将"方位"选择为"自动判断中心/轴"，创建约束条件 2：选择两个对象分别为如图 2-3-25 所示活动钳口孔的中心线和螺杆的中心线，自动约束对齐。完成约束后的图形如图 2-3-26 所示。

图 2-3-25 创建约束 2（组件 7）　　　　　　图 2-3-26 完成约束

Step 4 单击"移动组件"图标，弹出"移动组件"对话框，选择活动钳口，"运动"形式为"距离"，"指定矢量"选择"XC 轴"，"距离"为 20，如图 2-3-27 所示，将活动钳口移至合适位置，如图 2-3-28 所示。

图 2-3-27 "移动组件"对话框　　　　　　图 2-3-28 移动组件

9. 添加组件 8

Step 1 在"添加组件"对话框中单击打开图标，选择盖板零件图，单击"确定"，出现"组件预览"界面。将"定位"的"方式"选择为"通过约束"，单击"应用"，弹出"装配约束"对话框。

Step 2 在"装配约束"对话框的"要约束的几何体"选项中将"方位"选择为"自动判断中心/轴"，创建约束条件 1：选择两个对象分别为如图 2-3-29 所示盖板的底面和支柱的面，自动约束对齐。

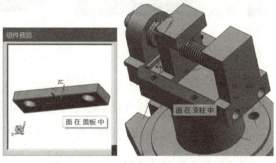

图 2-3-29 创建约束 1（组件 8）

Step 3 在"装配约束"对话框的"要约束的几何体"选项中将"方位"选择为"自动判断中心/轴"，创建约束条件 2：选择两个对象分别为如图 2-3-30 所示盖板的底面和支柱的面，自动约束对齐。

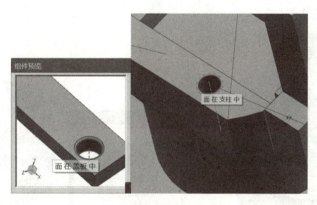

图 2-3-30 创建约束 2（组件 8）

Step 4 在"装配约束"对话框的"要约束的几何体"选项中将"方位"选择为"自动判断中心/轴"，创建约束条件 3：选择两个对象分别为如图 2-3-31 所示盖板的孔面和支柱的孔面，自动约束对齐。

Step 5 同上一步，完成对面盖板的装配，如图 2-3-32 所示。

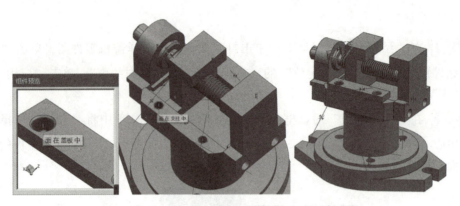

图 2-3-31 创建约束 3（组件 8）

10. 添加组件 9

Step 1 在"添加组件"对话框中单击打开图标，选择挡圈零件图，单击"确定"，出现"组件预览"界面。将"定位"的"方式"选择为"通过约束"，单击"应用"，弹出"装配约束"对话框。

Step 2 在"装配约束"对话框的"要约束的几何体"选项中将"方位"选择为"自动判断中心/轴"，创建约束条件 1：选择两个对象分别为如图 2-3-33 所示挡圈的中心线和螺杆的中心线，自动约束对齐。

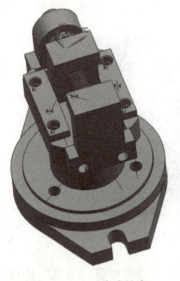

图 2-3-32 完成约束　　　　　图 2-3-33 创建约束 1（组件 9）

Step 3 在"装配约束"对话框的"要约束的几何体"选项中将"方位"选择为"自动判断中心/轴"，创建约束条件 2：选择两个对象分别为如图 2-3-34 所示挡圈的面和支架的面，自动约束对齐。

项目二 虎钳的制作

图2-3-34 创建约束2（组件9）

11. 添加组件10

Step 1 在"添加组件"对话框中单击打开图标，选择连杆零件图，单击"确定"，出现"组件预览"界面。将"定位"的"方式"选择为"通过约束"，单击"应用"，弹出"装配约束"对话框。

Step 2 在"装配约束"对话框的"要约束的几何体"选项中将"方位"选择为"自动判断中心/轴"，创建约束条件1：选择两个对象分别为如图2-3-35所示连杆中心孔的面和螺杆孔的面，自动约束对齐。

Step 3 在"装配约束"对话框的"要约束的几何体"选项中将"方位"选择为"自动判断中心/轴"，创建约束条件2：选择两个对象分别为如图2-3-36所示连杆平面和挡圈的面，自动约束对齐。

图2-3-35 创建约束1（组件10）　　图2-3-36 创建约束2（组件10）

Step 4 在"装配约束"对话框的"类型"中选择"平行"约束：选择两个对象分别为如图2-3-37所示连杆的顶面和活动钳口的顶面，自动约束对齐。

85

图 2-3-37 平行约束

12. 添加组件 11

Step 1 在"添加组件"对话框中单击打开图标，选择手柄零件图，单击"确定"，出现"组件预览"界面。将"定位"的"方式"选择为"通过约束"，单击"应用"，弹出"装配约束"对话框。

Step 2 在"装配约束"对话框的"要约束的几何体"选项中将"方位"选择为"自动判断中心/轴"，创建约束条件 1：选择两个对象分别为如图 2-3-38 所示手柄中心线和连杆中心线，自动约束对齐。

Step 3 在"装配约束"对话框的"要约束的几何体"选项中将"方位"选择为"自动判断中心/轴"，创建约束条件 2：选择两个对象分别为如图 2-3-39 所示手柄的面和连杆的面，自动约束对齐。

图 2-3-38 创建约束 1（组件 11）

图 2-3-39 创建约束 2（组件 11）

【任务总结】

本任务主要介绍了 UG 基本装配模块的使用方法，利用自下向上的装配方法进行装配。也就是先设计好了装配中部件的几何模型，再将该几何模型添加到装配中，从而使该部件成为一个组件。通过本任务的学习，主要掌握该装配方式中添加约束的方法，重点在于正确约束类型和约束对象。

知识拓展

装配是制造的最后环节，数字化预装配可以尽早地发现问题，如干涉与间隙等。整个装配环节，本质上是将产品零件进行组织、定位和约束的过程，从而形成产品的总体结构和装配图。为了更清晰地了解产品的内部结构以及部件的装配顺序，我们可以将装配图创建爆炸视图，主要用于产品的功能介绍以及装配向导。

爆炸视图是装配结构的一种图示说明。在该视图中，各个组件或一组组件分散显示，就像各自从装配件的位置爆炸出来一样，用一条命令又能装配起来。利用装配视图可以清楚地显示装配或者子装配中各个组件的装配关系。

【任务评价】

评价内容					学生姓名				评价日期			
评价项目	学生自评				生生互评				教师评价			
	优	良	中	差	优	良	中	差	优	良	中	差
课堂表现												
回答问题												
作业态度												
知识掌握												
综合评价			寄语									

任务四　零件的加工

【任务目标】

知识目标：
（1）掌握平面外形铣削加工方法。
（2）会调用后处理数控程序。
（3）会使用孔的加工方法。

技能目标：
（1）会设定平面外形铣削加工刀具轨迹。

(2) 会调用后处理数控程序。
(3) 会使用孔的加工方法。

【任务分析】

通过介绍零件加工的基本概述，阐述平面铣加工的基本原理和主要用途，讲解平面铣加工的一些主要方法，并且通过一些典型的应用，介绍平面外形铣削以及挖槽铣削加工方法的主要操作过程，最后利用系统提供的后处理器来处理程序，将刀具轨迹生成合适的机床 NC 代码。

【知识准备】

一、概述

UG 是当前世界最先进、面向先进制造行业、紧密集成的 CAD/CAM/CAE 软件系统，提供了从产品设计、分析、仿真、数控程序生成等一整套解决方案。UG/CAM 是整个 UG 系统的一部分，它以三维主模型为基础，具有强大可靠的刀具轨迹生成方法，可以完成铣削（2.5～5 轴）、车削、线切割等的编程。

UG/CAM 是数控行业最具代表性的数控编程软件，其最大的特点就是生成的刀具轨迹合理、切削负载均匀、适合高速加工。另外，在加工过程中的模型、加工工艺和刀具管理，均与主模型相关联，主模型被更改设计后，编程只需重新计算即可，所以 UG 编程的效率非常高。UG/CAM 主要由 5 个模块组成，即交互工艺参数输入模块、刀具轨迹生成模块、刀具轨迹编辑模块、三维加工动态仿真模块和后处理模块。下面对这 5 个模块作简单的介绍。

(1) 交互工艺参数输入模块：通过人机交互的方式，用对话框和过程向导的形式输入刀具、夹具、编程原点、毛坯和零件等工艺参数。

(2) 刀具轨迹生成模块：具有非常丰富的刀具轨迹生成方法，主要包括铣削（2.5～5 轴）、车削、线切割等加工方法。

(3) 刀具轨迹编辑模块：刀具轨迹编辑器可用于观察刀具的运动轨迹，并提供延伸、缩短和修改刀具轨迹的功能。同时，能够通过控制图形和文本的信息编辑刀轨。

(4) 三维加工动态仿真模块：是一个无须利用机床、成本低、高效率的测试 NC 加工的方法；可以检验刀具与零件、夹具是否发生碰撞、是否过切以及加工余量分布等情况，以便在编程过程中及时解决。

(5) 后处理模块：包括一个通用的后处理器（GPM），用户可以方便地建立用户定制的后处理。通过使用加工数据文件生成器（MDFG）、一系列交互选项提示用户选择定义特定机床和控制器特性的参数，包括控制器和机床规格与类型、插补方式、标准循环等。

二、加工流程

首先，确定加工类型，设定操作的各种参数，并产生刀具轨迹。
然后，一方面进行可视化检查，另一方面进行后处理：
(1) 直接后处理（UG/Post Postprocess）。
(2) 建立刀具定位源文档（Output CLSF），由后处理器产生 NC 代码。
最后，将 NC 程序传输给机床。

加工流程如图 2-4-1 所示。

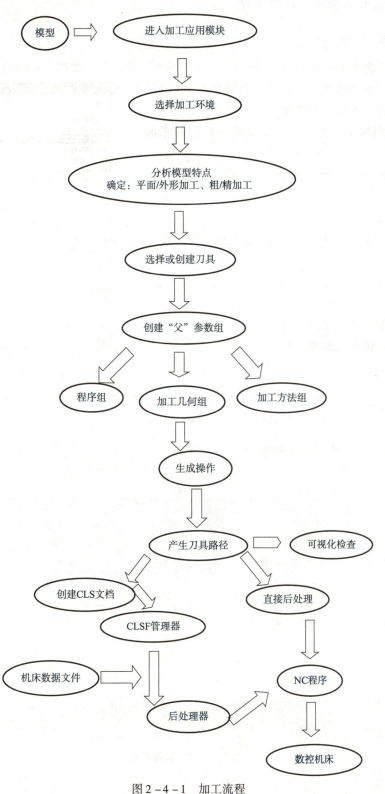

图 2-4-1 加工流程

三、编程界面及加工环境简介

1. 加工环境简介

当第一次进入编程界面时,会弹出"加工环境"对话框,如图2-4-2所示。在"加工环境"对话框中选择加工方式,然后单击"确定"按钮即可正式进入编程主界面。

(1)平面加工:主要加工模具或零件中的平面区域。

(2)轮廓加工:根据模具或零件的形状进行加工,包括型腔铣加工、等高轮廓铣加工和固定轴区域轮廓铣加工等。

(3)点位加工:在模具中钻孔,使用的刀具为钻头。

(4)线切割加工:在线切割机上利用铜线放电的原理切割零件或模具。

(5)多轴加工:在多轴机床上利用工作台的运动和刀轴的旋转实现多轴加工。

图2-4-2 "加工环境"对话框

2. 编程界面简介

首先打开要进行编程的模型,然后在菜单条中选择"开始"/"加工"命令或按"Ctrl + Alt + M"组合键即可进入编程界面,如图2-4-3所示。

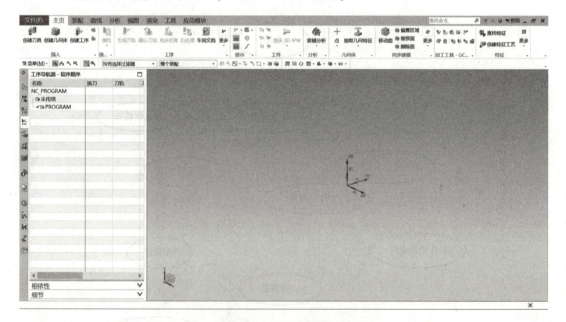

图2-4-3 编程界面

3. 加工操作导航器介绍

在编程主界面左侧单击"工序导航器"按钮，即可在编程界面中显示"工序导航器"，如图2-4-4所示。在"工序导航器"中的空白处单击鼠标右键，弹出右键菜单，如图2-4-5所示，通过该菜单可以切换加工视图或对程序进行编辑等。

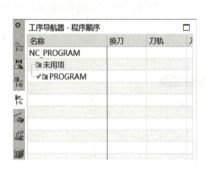

图2-4-4　工序导航器　　　　图2-4-5　右键菜单

4. 编程前的参数设置

（1）创建刀具。打开需要编程的模型并进入编程界面后，第一步要做的工作就是分析模型，确定加工方法和加工刀具。在"插入"工具条中单击"创建刀具"按钮，弹出"创建刀具"对话框，如图2-4-6所示；在"名称"文本框中输入刀具的名称，接着单击"确定"按钮，弹出"刀具参数"对话框；输入刀具直径和下半径，如图2-4-7所示；最后单击"确定"按钮。

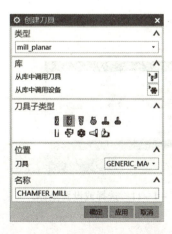

图2-4-6　"创建刀具"对话框　　　　图2-4-7　"刀具参数"对话框

(2)创建几何体。几何体包括机床坐标、部件和毛坯,其中机床坐标属于父级,部件和毛坯属于子级。在"加工创建"工具条中单击"创建几何体"按钮,弹出"创建几何体"对话框,如图2-4-8所示;在"创建几何体"对话框中选择几何体和输入名称,然后单击"确定"按钮,即可创建几何体。

①创建机床坐标。

Step 1 首先,在编程界面的左侧单击"工序导航器"按钮,使工序导航器显示在界面中。

Step 2 在工序导航器中的空白处单击鼠标右键,然后在弹出的快捷菜单中选择"几何视图"命令,如图2-4-9所示。

图2-4-8 "创建几何体"对话框　　　　　图2-4-9 几何视图

Step 3 在工序导航器中双击 MCS MILL 图标,弹出"机床坐标系"对话框;接着设置安全距离,如图2-4-10所示;然后单击"CSYS对话框"按钮,弹出"CSYS"对话框,如图2-4-11所示;然后选择当前坐标为机床坐标或重新创建坐标;单击"确定"按钮,退出CSYS对话框;单击"确定"按钮。

图2-4-10 设置安全距离　　　　　图2-4-11 选择或设置坐标

> **小提醒**
> 机床坐标一般在工件顶面的中心位置,所以创建机床坐标时,最好先设置好当前坐标,然后在"CSYS"对话框中设置"参考"为"WCS"。

②指定部件。双击 WORKPIECE 图标,弹出"工件"对话框,如图 2 – 4 – 12 所示;在"工件"对话框中单击"指定部件"按钮,弹出"部件几何体"对话框,如图 2 – 4 – 13 所示;然后选择部件;最后单击"确定"按钮。

图 2 – 4 – 12　"工件"对话框　　　图 2 – 4 – 13　"部件几何体"对话框

③指定毛坯。在"工件"对话框中单击"指定毛坯"按钮;弹出"毛坯几何体"对话框,如图 2 – 4 – 14 所示;然后选择部件;单击"确定"按钮,退出"部件几何体"对话框;最后单击"确定"按钮。

④设置余量及公差。加工主要分为粗加工、半精加工和精加工 3 个阶段,不同阶段其余量及加工公差的设置都是不同的,下面介绍设置余量及公差的方法。

Step 1　在工序导航器中单击鼠标右键,然后在弹出的快捷菜单中选择"加工方法视图"命令,如图 2 – 4 – 15 所示。

图 2 – 4 – 14　"毛坯几何体"对话框　　　图 2 – 4 – 15　加工方法视图

Step 2　在工序导航器中双击"粗加工公差"图标,弹出"铣削粗加工"对话框;然后设置"部件余量""内公差""外公差",如图 2-4-16 所示;最后单击"确定"按钮。

Step 3 设置半精加工和精加工的余量和公差,结果如图 2-4-17 和图 2-4-18 所示。

(3)创建工序。创建工序包括创建加工方法、设置刀具、设置加工方法和参数等。在"加工创建"工具条中单击"创建工序"按钮,弹出"创建工序"对话框,如图 2-4-19 所示。首先在"创建工序"对话框中选择"类型",接着选择"工序子类型",然后选择"程序""刀具""几何体"和"方法"。

图 2-4-16 "铣削粗加工"对话框

图 2-4-17 "铣削半精加工"对话框

图 2-4-18 "铣削精加工"对话框

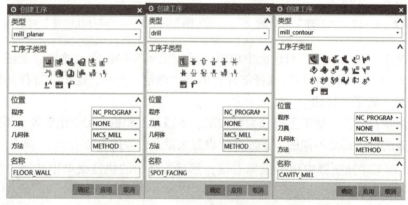
图 2-4-19 "创建工序"对话框

在"创建工序"对话框中单击"确定"按钮即可弹出新的对话框,从而进一步设置加工参数。

5. 刀具轨迹的显示及检验

生成刀具轨迹时,系统就会自动显示刀具轨迹。当进行其他操作时,这些刀具轨迹就会消失,如想再次查看,则可先选中该程序,再单击鼠标右键,然后在弹出的快捷菜单中选择"重播"命令,即可重新显示刀具轨迹。编程初学者往往不能根据显示的刀具轨迹判别刀具轨迹的好坏,而需要进行实体模拟验证。在"加工工序"工具条中单击"校验刀轨"按钮,弹出"刀轨可视化"对话框,接着选择"2D 动态"选项卡,单击"播放"按钮,系统就开始进行实体模拟验证了。

四、平面铣类型

"平面铣"加工即移除零件平面层中的材料,多用于加工零件的基准面、内腔的底面、内腔的垂直侧壁,即敞开的外形轮廓等,对于加工直壁并且岛屿顶面和槽腔底面为平面的零件尤为适用。平面铣是一种2.5轴的加工方式,在加工过程中水平方向的X、Y两轴联动,而Z轴方向只在完成一层加工后进入下一层时才单独行动。当设置不同的切削方法时,平面铣也可以加工槽和轮廓外形。

五、孔加工

孔加工也称为点位加工,可以进行钻孔、攻螺纹、镗孔、平底扩孔和扩孔等加工操作。在孔加工中刀具首先快速移动至加工位置上方,然后切削零件,完成切削后迅速退回到安全平面。如果使用UG进行孔加工的编程,就可以直接生成完整的数控程序,然后传送到机床中进行加工。特别是在零件的孔数目比较多、位置比较复杂的时候,可以大量节省人工输入所占用的时间,同时能大大降低人工输入造成的错误率,提高机床的效率。

【任务实施】

一、加工实例1

本例加工的零件如图2-4-20所示。

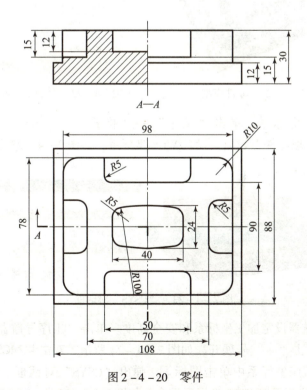

图2-4-20 零件

思路分析：

（1）创建加工零件，设置加工基本环境；

（2）确定加工坐标系在工件的上表面；

（3）使用"平面铣" 粗加工；

（4）精加工侧壁；

（5）使用"表面区域铣" 精加工底面；

（6）生成刀具轨迹及后处理。

创建步骤：

1. 粗加工

（1）启动 UG 软件，创建零件模型，如图 2-4-21 所示。

（2）进入加工模块，设置加工环境。单击"文件"→"首选项"→启动"加工"模块，或者单击"Ctrl + Alt + M"键，进入"加工"模块，弹出"加工环境"对话框，如图 2-4-22 所示。默认选择 mill planar 模块，单击"确定"。

图 2-4-21　零件模型　　　　图 2-4-22　"加工环境"对话框

（3）设置 WCS 坐标系。单击"菜单"→"格式"→"WCS"→"定向"，弹出"CSYS"对话框，选取零件上表面，设置 WCS 坐标系，如图 2-4-23 所示，单击"确定"。

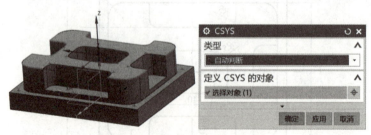

图 2-4-23　"CSYS"对话框

（4）用工序导航器设定加工坐标系和安全高度。单击"工序导航器"快捷菜单中"几何视图"图标，单击"+"号展开，如图 2-4-24 所示。双击 MCS_MILL，弹出"MCS 铣削"对话框，在机床坐标系中单击图标，弹出"CSYS"对话框，参考"CSYS"选择"WCS"，设置 MCS 坐标系与 WCS 坐标系重合，如图 2-4-25 所示，单击"确定"。设置安全距离为 10.0000，如图 2-4-26 所示。

（5）用工序导航器创建几何体（选择加工部件、创建毛坯）。在"几何视图"中双击 WORKPIECE，弹出"工件"对话框，如图 2-4-27 所示。单击按钮，弹出"部件几何体"对话框，选择加工零件为部件，单击"确定"按钮；单击按钮，弹出"毛坯几何体"对话框，用包容块生成毛坯，单击"确定"按钮，返回"工件"对话框，单击"确定"按钮，完成创建。

图 2-4-24　几何视图

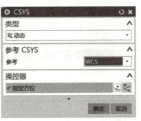

图 2-4-25　"CSYS"对话框

图 2-4-26　"MCS 铣削"对话框

图 2-4-27　"工件"对话框

（6）建立平面铣操作。单击"创建工序"图标，弹出"创建工序"对话框，选择第五个平面铣图标，设置如图 2-4-28 所示。单击"确定"，弹出如图 2-4-29 所示"平面铣"对话框。

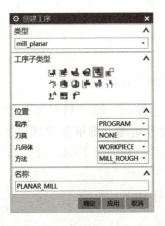

图 2-4-28　"创建工序"对话框

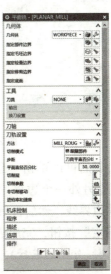

图 2-4-29　"平面铣"对话框

(7) 建立刀具。在"平面铣"对话框中的"刀具"选项中单击按钮，进入"新建刀具"对话框，如图 2-4-30 所示。选择"刀具子类型"，并输入名称"E10"，单击"确定"按钮。进入"铣刀-S 参数"对话框（2-4-31），进行参数设置，单击"确定"按钮。

图 2-4-30　"新建刀具"对话框　　　图 2-4-31　"铣刀-S 参数"对话框

(8) 选取部件几何图形。在"平面铣"对话框的"几何体"选项卡中单击按钮，进入"边界几何体"对话框，将"模式"选为"曲线/边…"。进入"创建边界"对话框按照图 2-4-32（a）、(b) 所示进行设置。

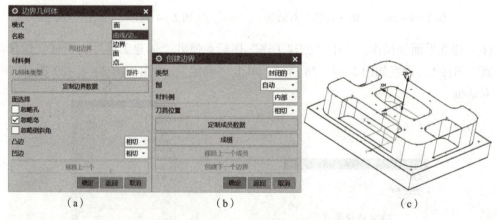

图 2-4-32　"创建边界"对话框

建完一个边界后可以单击"创建下一个边界"按钮，将"材料侧"改为"外部"或"内部"继续创建另外一个边界。如果选择错误边界边缘，则单击"移除上一个成员"按钮，先移除错误边界线，然后再重新选择。边界选择过程如图 2-4-32（c）所示。选择完成后，单击"确定"按钮，完成边界设置。

注意：（内侧、外侧的选择）选择要保留的材料侧。

(9) 选取毛坯几何图形。单击 按钮，进入"边界几何体"对话框，将"模式"选为"曲线/边..."。进入"创建边界"对话框，按照图 2-4-33 所示进行设置（在底面抓边界曲线投影到上表面）。

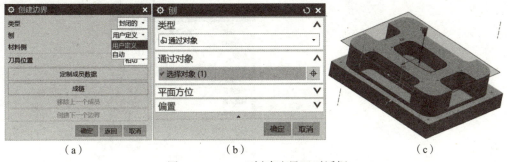

图 2-4-33 "创建边界"对话框

(10) 设置底平面。在"平面铣"主界面中单击按钮 ，进入"平面构造器"对话框，按照图 2-4-34 所示进行设置，单击"确定"按钮，完成设置。

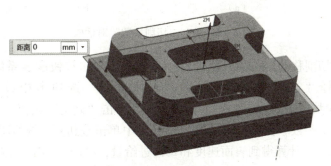

图 2-4-34 设置底平面

(11) 选择切削方式及切削用量。在"平面铣"主界面"刀轨设置"选项卡中按图 2-4-35（a）所示进行设置。

(12) 设置切削深度。在"刀轨设置"选项卡中单击按钮 ，按照图 2-4-35（b）所示进行设置，单击"确定"按钮，完成设置。

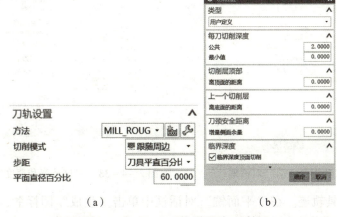

图 2-4-35 "刀轨设置"对话框

(13) 设置切削参数。在"刀轨设置"选项卡中单击按钮,弹出"切削参数"对话框,选择"切削顺序"为"深度优先","部件余量"为"0.4000","最终底面余量"为"0.2000",其他参数按图2-4-36所示进行设置,单击"确定"按钮,完成设置。

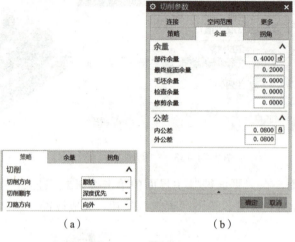

图2-4-36 "切削参数"对话框

(14) 设置非切削移动。在"刀轨设置"选项卡中单击按钮,系统弹出"非切削移动"对话框,选择"进刀"选项卡,在"封闭区域"选项卡中设置"斜坡角"为"5.0000",其他参数按图2-4-37所示进行设置,单击"确定"按钮,完成设置。

(15) 设置进给参数。在"刀轨设置"选项卡中单击按钮,按照图2-4-38所示设置参数,单击图标,计算得到表面速度和每齿进给量,单击"确定"按钮,完成设置。

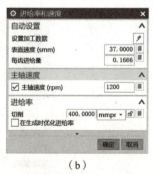

图2-4-37 "非切削移动"对话框　　　图2-4-38 "进给率和速度"对话框

(16) 生成刀具轨迹。在"平面铣"对话框中单击"生成"图标,计算生成粗加工刀具轨迹,单击机房仿真进行3D动画仿真,如图2-4-39所示。

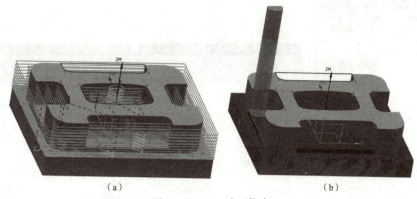

图 2-4-39 动画仿真

2. 精加工侧壁

（1）在资源条中单击按钮，弹出工序导航器，单击右键在快捷菜单中单击"程序顺序视图"选项，打开"+"按钮展开"PROGRAM"下级菜单，选择"PLANAR_MILL"程序；单击右键，选择"复制"，选择"PROGRAM"，单击右键，选择"内部粘贴"，如图 2-4-40 所示。因为是复制了上一个程序操作，所以程序"PLANAR_MILL_COPY"继承了"PLANAR_MILL"程序中的一系列参数，如工件、毛坯、切削方式、切削参数、非切削移动等，我们只要双击"PLANAR_MILL_COPY"，修改为适合于精加工侧壁的参数即可。

（2）选择切削方式及切削用量。在"刀轨设置"选项卡中按图 2-4-41 所示进行设置。

图 2-4-40 工序导航器　　　　　　图 2-4-41 刀轨设置

（3）设置非切削移动。单击按钮，按照图 2-4-42（a）所示进行设置，单击"确定"按钮。设置切削参数：单击按钮，按照图 2-4-42（b）、(c) 所示进行设置，单击"确定"按钮。

（4）设置切削深度。单击按钮，按照图 2-4-43（a）所示进行设置，单击"确定"按钮。设置进给参数：单击按钮，按照图 2-4-43（b）所示进行设置，单击"确定"按钮。

（5）生成刀具轨迹。在"操作"选项卡中单击图标，计算生成刀具轨迹，如图 2-4-44 所示。

3. 精加工底面

（1）建立平面铣操作。单击按钮或单击"插入"/"操作"，进入"创建工序"对话框，按照图 2-4-45（a）所示进行平面铣加工操作，单击"确定"按钮，进入"底壁加工-[FLOOR_WALL]"对话框，如图 2-4-45（b）所示。

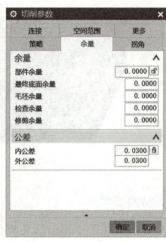

(a) (b) (c)

图 2-4-42 "切削参数"对话框

(a) (b)

图 2-4-43 "切削层"对话框

图 2-4-44 刀具轨迹

项目二 虎钳的制作

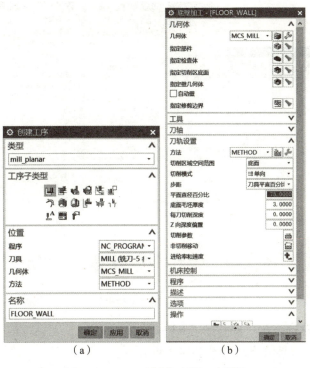

(a)　　　　　　　　　　　　(b)

图2-4-45 "创建工序"对话框

(2) 指定切削区域。在"底壁加工-[FLOOR_WALL]"对话框的"几何体"选项卡中，单击按钮，进入图2-4-46 (a) 所示的"切削区域"对话框。选择图2-4-46 (b) 所示需要加工的平面，单击"确定"按钮，完成面选择。

(3) 选择切削方式及切削用量。在"底壁加工-[FLOOR_WALL]"对话框的"刀轨设置"选项卡中按照图2-4-47所示进行设置。

(a)　　　　　　　　　(b)

图2-4-46 "切削区域"对话框　　　图2-4-47 "刀轨设置"选项卡

(4) 设置切削参数。在"刀轨设置"选项卡中单击按钮，按照图2-4-48 (a) 所示进行设置，单击"确定"按钮，完成设置。

(5) 设置非切削移动。在"刀轨设置"选项卡中单击按钮，按照图2-4-48 (b) 所示进行设置，单击"确定"按钮，完成设置。

(6) 设置进给参数。在"刀轨设置"选项卡中单击按钮，按照图2-4-48 (c) 所示进行设置，单击"确定"按钮，完成设置。

103

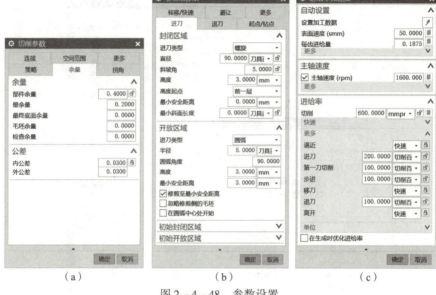

| （a） | （b） | （c） |

图 2-4-48 参数设置

（7）生成刀具轨迹。在"底壁加工-[FLOOR_WALL]"对话框的"操作"选项卡中单击图标，计算生成刀具轨迹，如图 2-4-49 所示。

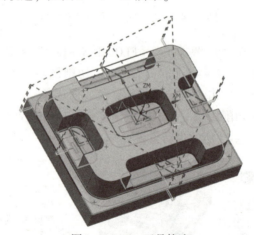

图 2-4-49 刀具轨迹

（8）进行模拟加工。在"平面铣"对话框的"操作"选项卡中单击按钮，弹出"可视化刀具轨迹"对话框，选择"2D 动态"选项卡，单击按钮，完成模拟加工，观察加工过程是否合理。如果存在问题，再进一步修改参数。注意：如果刀轨已经生成，在工序导航器中选择"刀轨"，单击"确定刀轨"图标或单击右键，在快捷菜单中单击"刀轨"/"确认"选项，弹出"可视化刀具轨迹"对话框。

（9）后处理。在工序导航器中选择需进行后处理的刀具轨迹，单击"后处理"图标，或单击右键，在快捷菜单中单击"刀轨"/"后处理"选项，弹出"后处理"对话框，对所用机床、文件存储位置、单位等内容进行设置，如图 2-4-50（a）所示；单击"确定"按钮，生成数控加工 NC 程序，如图 2-4-50（b）所示。

项目二 虎钳的制作

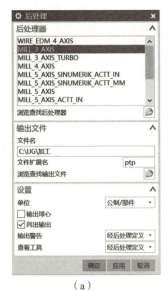
（a）

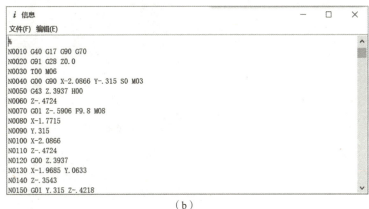
（b）

图2-4-50 后处理

二、加工实例2 孔加工——活动钳口

1. 粗加工

（1）启动UG软件，创建零件模型，如图2-4-51所示。

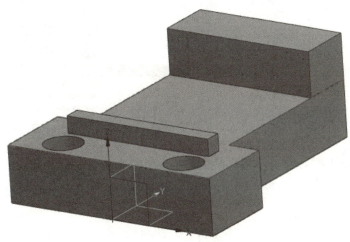

图2-4-51 活动钳口

（2）进入加工模块，设置加工环境。单击"文件"→"首选项"→启动"加工"模块，或者单击"Ctrl + Alt + M"键，进入"加工"模块，弹出"加工环境"对话框。默认选择"drill"模块，单击"确定"，如图2-4-52所示。

（3）创建几何体。

①设置WCS坐标系。单击"菜单"→"格式"→"WCS"→"定向"，弹出"CSYS"对话框，选取零件上表面，设置WCS坐标系，单击"确定"。

②用工序导航器设定加工坐标系和安全高度。

105

图 2-4-52 "加工环境"对话框

Step 1 单击工序导航器快捷菜单中的"几何视图"图标，单击" + "号展开，如图 2-4-53（a）所示。

Step 2 双击 MCS_MILL，弹出"MCS 铣削"对话框，在机床坐标系中单击图标，弹出"CSYS"对话框，将"参考 CSYS"的"参考"选为"WCS"，设置 MCS 坐标系与 WCS 坐标系重合，如图 2-4-53（b）所示，单击"确定"。设置"安全距离"为"10.0000"，如图 2-4-53（c）所示。

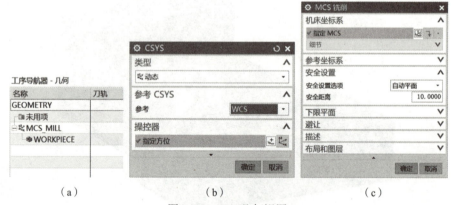

（a）　　　　　　　　（b）　　　　　　　　（c）

图 2-4-53 几何视图

（4）用工序导航器创建几何体（选择加工部件、创建毛坯）。

Step 1 在"几何视图"中双击 WORKPIECE，弹出"工件"对话框。

Step 2 单击按钮，弹出"部件几何体"对话框，选择"加工零件"为"部件"，单击"确定"按钮。

Step 3 单击按钮，弹出"毛坯几何体"对话框，用"包容块"生成"毛坯"，如图 2-4-54 所示，单击"确定"按钮，返回"工件"对话框，单击"确定"按钮，完成创建。

项目二 虎钳的制作

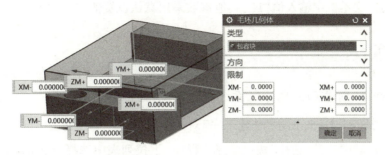

图 2-4-54 "毛坯几何体"对话框

(5) 创建钻加工几何体。

Step 1 选择下拉菜单"插入"→"几何体"命令，系统弹出"创建几何体"对话框。

Step 2 在"创建几何体"对话框的"几何体子类型"区域中单击" "按钮，在"几何体"下拉列表中选择"WORKPIECE"选项，采用系统默认的名称，单击"确认"按钮，系统弹出"创建几何体"对话框，如图 2-4-55 所示。

Step 3 指定孔：单击"钻加工几何体"对话框中"指定孔"右侧的按钮，系统弹出"点到点几何体"对话框，单击"选择"按钮，系统弹出如图 2-4-56 (a) 所示的点位选择对话框。

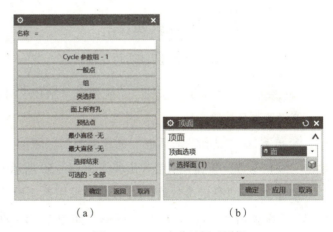

图 2-4-55 "创建几何体"对话框　　　　图 2-4-56 点位选择对话框

单击"面上所有孔"按钮，选择图 2-4-56 (b) 所示的面为参照，两次单击"确定"按钮，系统返回"点到点几何体"对话框。

(6) 创建刀具。

Step 1 选择"创建刀具"图标 ，系统弹出"创建刀具"对话框。

Step 2 在"创建刀具"对话框的"类型"列表中选择"drill"选项，在"刀具子类型"区域选择"SPOTDRILLING_TOOL"按钮 ，在"名称"文本框中输入"SPOTDRILLING_TOOL"，如图 2-4-57 所示；单击"确定"按钮，系统弹出"钻刀"对话框。

Step 3 设置刀具参数。在"钻刀"对话框的"直径"文本框中输入值"7.0"，在"刀具号"

107

和"补偿寄存器"文本框中输入值"1",其他参数采用默认设置值,单击"确定"按钮,完成刀具的创建。

(7) 创建工序。

①插入工序。

Step 1 选择"创建工序"图标,系统弹出"创建工序"对话框。

Step 2 在图 2 – 4 – 58 所示"创建工序"对话框的"类型"下拉列表中选择"drill"选项,在"工序子类型"区域中选择"钻孔"按钮,在"程序"下拉列表中选择"PROGRAM",在"刀具"下拉列表中选择前面设置的刀具"SPOTDRILLING_TOOL",在"几何体"下拉列表中选择"DRILL_GEOM",在"方法"下拉列表中选择"DRILL_METHOD",使用系统默认的名称。

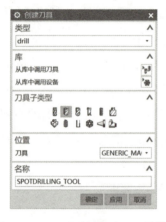
图 2 – 4 – 57 "创建刀具"对话框

图 2 – 4 – 58 "创建工序"对话框

Step 3 单击"确定"按钮,系统弹出"钻孔"对话框。

②设置循环控制参数。

Step 1 在"钻孔"对话框"循环类型"区域的"循环"下拉列表中选择"标准钻",单击"编辑参数"按钮,系统弹出如图 2 – 4 – 59 所示的"指定参数组"对话框。

Step 2 在"指定参数组"对话框中采用系统默认的参数组序号"1",单击"确定"按钮,系统弹出"Cycle 参数"对话框,如图 2 – 4 – 60 所示,单击 Depth -模型深度 按钮,系统弹出"Cycle 深度"对话框。

图 2 – 4 – 59 "指定参数组"对话框

图 2 – 4 – 60 "Cycle 参数"对话框

③设置一般参数。设置最小安全距离。在"最小安全距离"文本框中输入值"3.0"。

④避让设置。

Step 1 单击"钻孔"对话框中的"避让"按钮，系统弹出"避让几何体"对话框。

Step 2 单击"避让几何体"对话框中的 Clearance Plane -无 按钮，系统弹出如图 2-4-61 所示的"安全平面"对话框。

图 2-4-61 "安全平面"对话框

Step 3 单击"安全平面"对话框中的 指定 按钮，系统弹出"平面"对话框，选取图 2-4-62 所示的平面为参照，然后在"偏置"区域的"距离"文本框中输入值"5"，单击"确定"按钮，完成安全平面的设置，系统返回"钻孔"对话框。

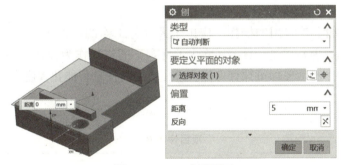

图 2-4-62 参照平面

⑤设置进给率和速度。单击"导轨设置"对话框中的"进给率和速度"按钮，弹出"进给率和速度"对话框。在对话框中选中 主轴速度(rpm) 2000.000 复选框，在其文本框中输入值 2000.000，在"切削"文本框中输入值"120.000"，单击按钮，其他参数采用系统默认的设置值，单击"确定"按钮。

（8）生成刀具轨迹并仿真。生成的刀具轨迹如图 2-4-63 所示。

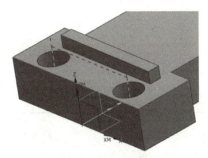

图 2-4-63 刀具轨迹

【任务总结】

本任务主要介绍 UG 编程的基本操作及相关加工工艺知识。学习完本任务后需对 UG 编程知识有总体认识，懂得如何设置编程界面及编程的加工参数。学习 UG 编程前应具备一定的数控加工工艺基础。

知识拓展

1. 平面铣的两个核心

（1）平面铣仅能加工平面直壁的零件，对于有斜度的零件则不能加工。平面铣的刀具轨迹是从第一层到最后一层。每一层的刀路除了深度不同外，形状与上一个或下一个刀路都是严格相同的。

（2）平面铣不是由三维实体来定义加工几何，而是使用通过边或者曲线创建的边界线来确定加工区域。

2. 型腔铣

型腔铣是 UG 加工较常用的操作，应用于大部分工作的粗加工、半精加工和部分精加工。型腔铣的操作原理是通过计算毛坯除去工件剩下的材料作为被加工的材料来产生导轨，所以只需要定义工作和毛坯即可计算刀位轨迹，使用简便且智能化程度高。

【任务评价】

项目评价表

评价内容				学生姓名				评价日期			
评价项目	学生自评				生生互评				教师评价		
	优	良	中	差	优	良	中	差	优	良	中	差
课堂表现												
回答问题												
作业态度												
知识掌握												
综合评价			寄语									

项目三 可乐瓶底凸模的加工

 项目需求

以可乐瓶底凸模的加工为项目任务,让学生掌握软件加工曲面的一般应用技巧,学会型腔加工以及固定轮廓铣削加工方法,并掌握模具加工中二次开粗的加工方法,提高加工效率。

选择可乐瓶底模具作为项目任务,能有效地激发学生的学习兴趣,让学生喜欢 UG 软件,知道 UG 强大的曲面加工功能,增强学生学习的动力。

 项目工作场景

本项目在机房进行编程,需要依靠网络平台,在加工中心和数控铣床上完成可乐瓶底产品的加工。

 方案设计

本项目以可乐瓶底凸模的加工为任务,该任务是典型曲面加工,曲面加工是 UG 强大功能的一个方面,学习 UG 的加工时必须熟练掌握曲面加工的编程。在教材编写方面运用典型的参数设置完成可乐瓶底的加工程序编写,后处理程序生成后将被传输到机床进行加工,让学生体验真实加工的乐趣,激发他们的学习兴趣。

 相关知识和技能

(1) 了解模具制造的特点。
(2) 掌握数控铣床和加工中心的基本操作知识。
(3) 掌握 UG 软件的曲面加工编程命令,完成产品的编程。

任务　可乐瓶底凸模的加工

【任务目标】

（1）了解软件在模具加工中的一般流程。

（2）掌握模具制造中的粗加工以及半精加工的一般编程方法。

（3）掌握 UG 软件进行曲面精加工的命令操作知识，并能生成后处理程序，传输到机床进行加工。

【任务分析】

可乐瓶底是典型的曲面，在模具制造中是最常见的零件，加工中所涉及的命令主要有型腔铣和固定轮廓铣。在进行本任务的教学时不求将每个命令的操作讲解得详细透彻，我们只根据该任务的需要讲解必要的参数设置，避免参数过多让学生产生畏难情绪。

【知识准备】

UG 曲面绘制主要利用 UG 建模环境中的曲线来进行，下面简单地介绍这种曲线的一般绘制方法。这种方法相对比较麻烦，在做曲面时才会用到，其编辑没有草图曲线方便。可乐瓶底曲面如图 3-1 所示。

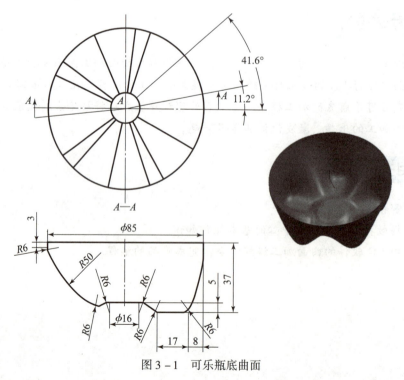

图 3-1　可乐瓶底曲面

(1) 画一个长 42.5 mm、宽 37 mm 的矩形，指定第一点为原点，第二点的长、宽值分别设置为 42.5 mm 和 -37 mm，如图 3-2（a）所示。

(2) 利用偏置曲线 功能偏置图 3-2（b）所示的竖直线和水平直线。

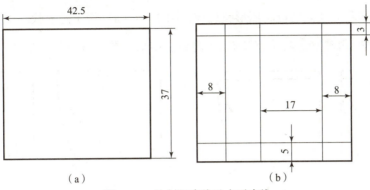

图 3-2 绘制竖直线及水平直线

(3) 利用 分割(D)、 修剪(T) 和 隐藏(H) 功能对图形进行修剪，如图 3-3（a）所示。

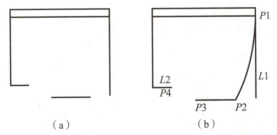

图 3-3 分割、修剪和隐藏

(4) 作过 $P1$、$P2$ 点且与直线 $L1$ 相切的圆弧，如图 3-3（b）所示。作过点 $P4$ 点且与直线 $L2$ 相切、半径为 6 mm 的圆 $C2$，如图 3-4（a）所示。通过过直线端点 $P3$ 和半径为 6 mm 的圆相切的直线作弧，如图 3-4（b）所示。

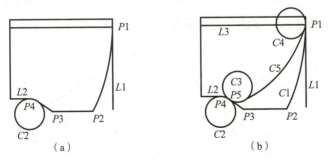

图 3-4 圆弧和圆

(5) 作与 $C2$ 圆相切且过点 $P5$、半径为 6 mm 的圆 $C3$。作与圆弧 $C1$ 相切、过直线 $L3$ 与圆弧 $C1$ 的交点、半径为 6 mm 的圆 $C4$。作与圆 $C3$ 和 $C4$ 相切、半径为 50 mm 的圆弧，如图 3-4（b）所示。

(6) 利用 分割(D)、修剪(T) 和 隐藏(H) 功能对图形进行修剪，如图 3-5 所示。

(7) 利用 圆弧(相切-相切-半径)(E) 功能将点 $P2$ 和 $P3$ 过渡为半径为 6 mm 的圆角。利用分割 分割(D) 和删除功能将图形整理成如图 3-6（a）所示的形状。

(8) 利用 隐藏(H) 功能将圆弧 $C1$ 隐藏，结果如图 3-6（b）所示。

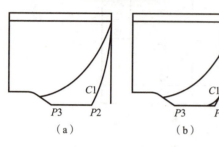
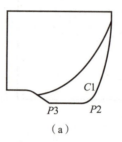
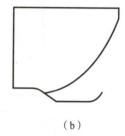

图 3-5　分割、修剪与隐藏　　　　图 3-6　倒圆角和隐藏

(9) 将所有图形选中，利用 移动对象(O) 功能将图形旋转复制成如图 3-7（a）所示的形状，并将多余的线段隐藏，如图 3-7（b）所示。

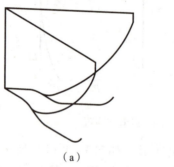

图 3-7　变换复制

(10) 利用显示 显示和隐藏 功能将所需显示的曲线显示出来，如图 3-8（a）所示；将不需要的曲线用隐藏 颠倒显示和隐藏(I) 功能隐藏起来，如图 3-8（b）所示。

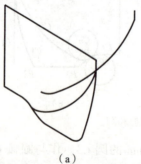

图 3-8　显示与隐藏

（11）将 A 曲线选中［图 3-9（a）］，利用 功能将图形旋转复制成如图 3-9（b）所示形状。

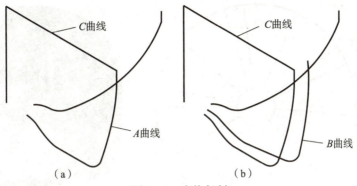

图 3-9　变换复制

（12）用 功能画出如图 3-10 所示的两个圆，并将那条水平曲线（即图 3-9 中的 C 曲线）隐藏。

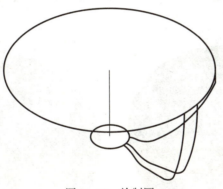

图 3-10　绘制圆

（13）选中下面三条曲线，如图 3-11（a）所示，利用 功能将图形旋转复制成如图 3-11（b）所示的形状，至此为构造曲线所作的线架已经完成。

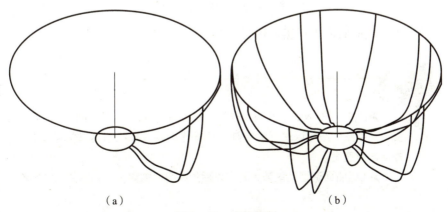

图 3-11　变换复制

(14) 用 功能生成曲面，主曲线为两圆，交叉曲线为 15 条曲线，如图 3-12 所示。

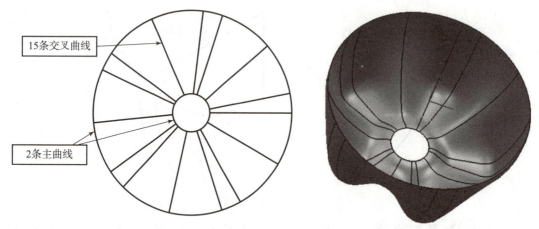

图 3-12　用"通过曲线网格"功能生成曲面

(15) 用 功能生成底部平面，用 功能将曲线隐藏，如图 3-13 所示。

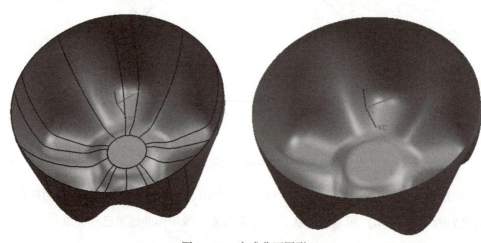

图 3-13　完成曲面图形

(16) 最后用生成的曲面进行实体建模，供加工需要。

小提醒

➢目前，UG NX 12.0 版本软件在草图曲线与建模环境曲线上有重大改变，用草图曲线可以进行复制阵列等操作。要多加练习以掌握转变技巧，提高画图速度。

➢UG 曲面造型功能强大，在以后的练习中需要多加训练并总结经验。

【任务实施】

下面以可乐瓶底凸模为例讲解模具曲面加工方面的知识，图形如图 3-14 所示。

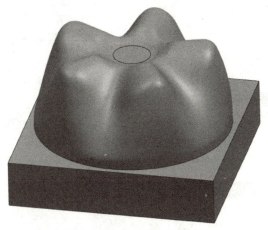

图 3-14 可乐瓶底凸模

操作步骤：

Step 1 启动 UG NX 12.0 软件，打开可乐瓶底凸模。

Step 2 单击"加工工具"选项中"应用模块"界面上方"加工"按钮，如图 3-15 所示。

图 3-15 "加工工具"选项

Step 3 单击"加工环境"界面"CAM 会话配置"内"cam_general"选项，选择"要创建的 CAM 组装"内"mill_contour"选项，单击"确定"，如图 3-16 所示。

Step 4 单击图 3-17 所示"加工工具条"界面中"创建刀具"按钮，按照提示分别创建 D26R5 圆角刀（牛鼻刀）、D12R6 球刀、D10R5 球刀、D12 四刃立铣刀。

Step 5 单击图 3-18 所示"创建几何体"界面中"坐标系"创建命令，在"名称"文本框内输入 MCSG54，单击"确定"。动态转动坐标系，将 Z 方向转成向上，并保证 Z0 的位置在工件表面正中上方，

图 3-16 "加工环境"界面

"安全距离"设为20.0000 mm,如图3-19所示。

图3-17 "加工工具条"界面   图3-18 "创建几何体"界面

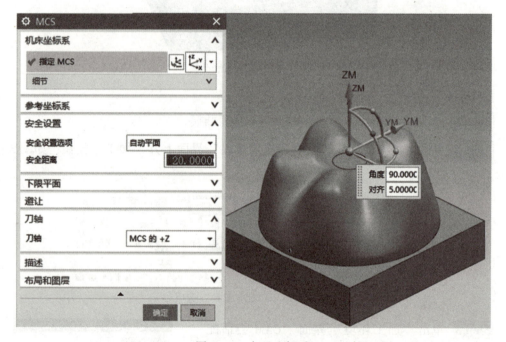

图3-19 加工坐标系

Step 6 在图3-20(a)所示"创建几何体"界面中点击第二个图标,创建工件;在"位置""几何体"中选择"MCSG54",单击"应用",打开"工件"对话框,按照提示选择"指定部件"和"指定毛坯",如图3-20(b)所示。创建毛坯时注意Z方向要比零件最大值高1 mm,给上表面留一点加工余量,如图3-21所示。

Step 7 单击图3-22所示界面中的第三个选项,选择切削加工区域,在加工区域直接单击凸模曲面部分,如图3-23所示。

Step 8 单击图3-17所示"加工工具条"界面中"创建工序"按钮。

Step 9 在图3-24所示"创建工序"对话框的"工序子类型"选项中单击"型腔铣","位置"设置如图3-24所示。单击"确定",进入"型腔铣"对话框。

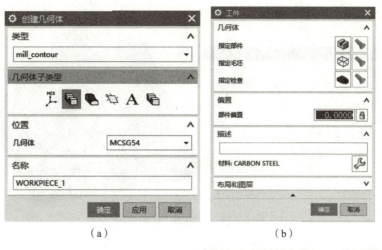

(a)　　　　　　　　　　　(b)

图 3-20　"创建几何体"界面

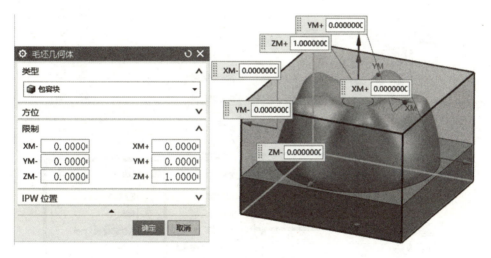

图 3-21　毛坯创建

图 3-22　切削加工区域

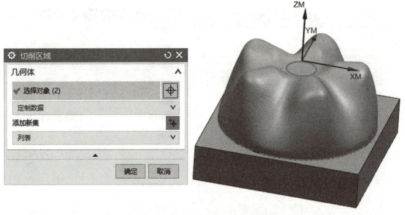

图 3-23 切削加工区域选择

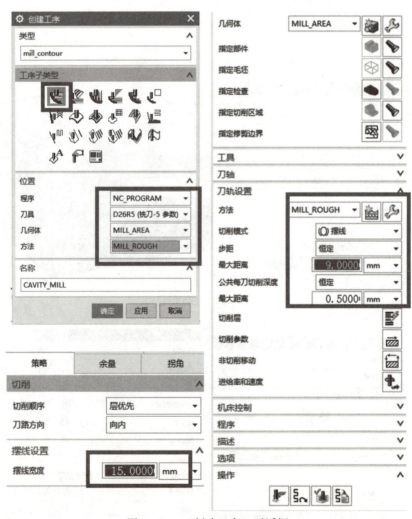

图 3-24 "创建工序"对话框

Step 10 在如图 3-24 所示"创建工序"对话框中设置各种加工参数,"切削模式"选择"摆线"模式,"切削参数"中的摆线宽带选择为 15 mm。其余参数根据自己加工的习惯定义,在加工中发现不合理情况的话,再次进行调整。

Step 11 单击图标 生成加工轨迹,模拟 3D 动态后,效果如图 3-25 所示。

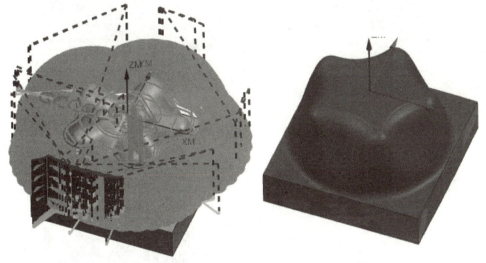

图 3-25　粗加工轨迹

从模拟加工来看,由于刀的直径比较大,有些凹面没有加工到,此时需要二次开粗加工,这在模具制造中是最常见的方法。

Step 12 在工序导航器中以右键单击粗加工型腔铣轨迹,选择"复制",再次以右键单击粗加工型腔铣轨迹,单击"粘贴",如图 3-26 所示。此时多了一个程序,不过有报警,如图 3-27 所示。

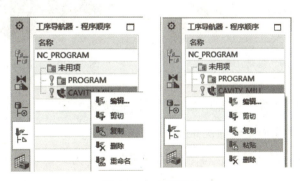

图 3-26　复制轨迹

Step 13 在工序导航器中以右键单击报警的型腔铣轨迹,单击"编辑",打开"型腔铣"对话框。

Step 14 选择刀具为 D10R5 的球刀,刀轨设置如图 3-28 所示,此时为二次开粗。

在切削参数中单击"空间范围",将"参考刀具"选择为 D26R5(图 3-29),此时产生的刀具轨迹,就是二次开粗加工轨迹,如图 3-30 所示。模拟加工后可以发现刀具只加工了余量较多的地方。

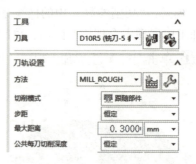

图 3-27 复制轨迹时的报警　　　　　图 3-28 修改参数

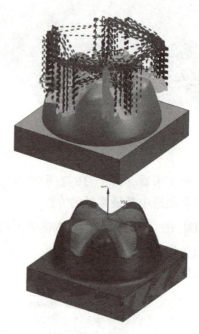

图 3-29 参考刀具　　　　　图 3-30 二次开粗轨迹

Step 15 在"创建工序"界面中单击"固定轮廓铣"图标,"位置"设置如图 3-31 所示,单击"确定"进入固定轮廓铣界面。

Step 16 在固定轮廓铣界面,将"驱动方法"选择为"区域铣削","驱动设置"如图 3-32 所示。单击"确定"进入固定轮廓铣界面。切削参数和非切削参数的设置与其他加工方法类似。进给率和速度的设置可以根据自己的经验给定,产生的轨迹如图 3-33 所示。

Step 17 清根加工。如图 3-33 所示,在根部有半径为 5 mm 的圆角,所以需要进行清根加工。此时选择刀具 D12R0 的立铣刀,在图 3-24 所示界面中单击"型腔铣"图标,单击"确定",进入型腔铣界面。参数设置如图 3-34 所示,"切削层"设置如图 3-35 所示。单击顶层平面输入"32.000000"即可。非切削参数中"切入"可以选择"圆弧"。清根加工轨迹及模拟加工如图 3-36 所示。

122

项目三 可乐瓶底凸模的加工

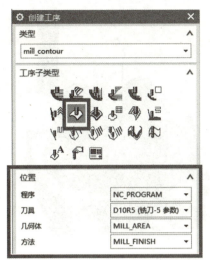

图 3-31 "创建工序"对话框

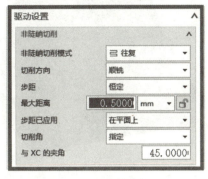

图 3-32 固定轮廓铣界面

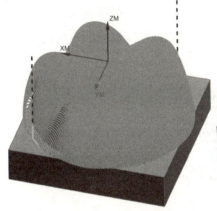

图 3-33 固定轮廓铣的轨迹

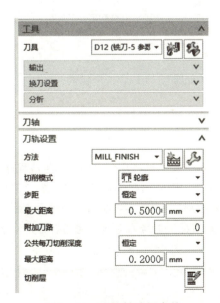

图 3-34 型腔铣清根参数

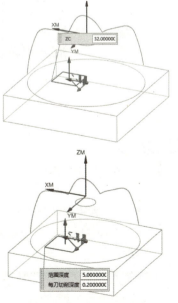

图 3-35 切削层设置

123

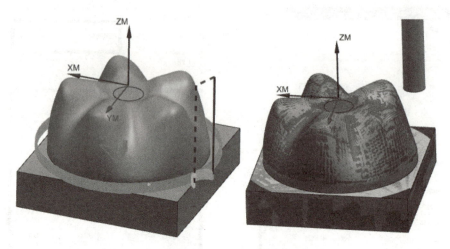

图 3-36 清根加工轨迹及模拟加工

Step 18 生成后处理程序。如图 3-37 所示，此时只要将程序输入加工中心，并按照编程的坐标系 G54 进行对刀，就可以加工凸模型芯。切削参数根据加工情况可以在后续的编程中进行调整。

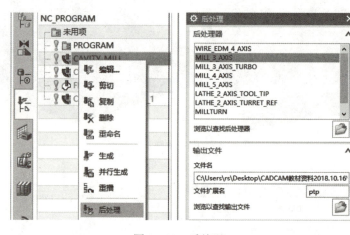

图 3-37 后处理 1

> **小提醒**
>
> 在进行生成后处理程序的过程中，如果想将几个程序一起生成程序，并想在加工中心中自动换刀进行加工，则必须在创建刀具时设置"刀具号""补偿寄存器""刀具补偿寄存器"，如图 3-38 所示。对于"后处理"右侧"编号"中的设置，一般情况下 1 号刀对应 1 号寄存器，以此类推。

项目三　可乐瓶底凸模的加工

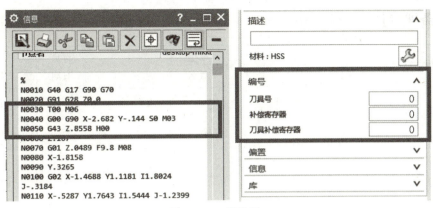

图 3-38　后处理 2

【任务总结】

本任务主要介绍 UG 编程中的曲面加工，可乐瓶底是复杂的曲面，它有比较陡峭的面，也有比较平坦的面。在编程时一般粗加工用型腔铣，精加工用固定轮廓铣，在地面还需要清根加工。学习完本任务后能掌握 UG 曲面编程的技巧和一般操作过程，懂得如何设置编程界面及编程的加工参数。

知识拓展

1. 型腔铣是不是只能加工型腔

型腔铣是 UG 加工较常用的操作，应用于大部分工作的粗加工、半精加工和部分精加工。型腔铣的操作原理是通过计算毛坯除去工件剩下的材料作为被加工的材料来产生导轨，它既能加工型腔，也可以加工凸模等外凸零件。

2. 可乐瓶底凹模编程加工

请按照图 3-39 所示进行编程加工。

图 3-39　可乐瓶底凹模

【任务评价】

评价内容					学生姓名				评价日期			
评价项目	学生自评				生生互评				教师评价			
	优	良	中	差	优	良	中	差	优	良	中	差
课堂表现												
回答问题												
作业态度												
知识掌握												
综合评价					寄语							

项目四　游戏手柄上壳的模具设计

  项目需求

模具是工业生产中应用极为广泛的工装设备，其成型产品涵盖家用电器、仪器仪表、建筑器材、汽车工业和日用五金等诸多领域。模具生产技术的高低，已成为衡量一个国家产品制造业水平高低的重要标志。

模具设计中，单分型面模具的设计是最基本且必须掌握的基本技能，本项目以游戏手柄上壳产品为依托，产品材料要求为 ABS，产量需求为小批量生产，产品表面要求光滑无毛刺。

  项目工作场景

此项目为某模具精密制造有限公司承接项目。项目实施涉及模具设计，需要设计部门首先组织人员完成此项任务。

  方案设计

设计人员依据产品材料、产量、产品表面质量等要求，按照设计准备、分型面设计以及型腔分割三个任务顺序进行模具的设计。

  相关知识和技能

（1）掌握分模设计的思路和一般流程，能够根据产品模型的形状和结构，为其创建分型线、分型面，以及型腔和型芯。
（2）掌握修补模型破孔、槽等常用模具修补工具的使用方法。
（3）了解各种分型的方法，会及时调整分型面的创建方式。

任务一　游戏手柄上壳模具的设计准备

【任务目标】

（1）知道模具设计的一般流程。
（2）知道模具设计准备过程中的注意事项。
（3）知道 NX 软件注塑模向导模块中设计准备按钮的相关知识。

【任务分析】

模具设计与制造是涵盖领域较广、涉及专业知识较多的一门专业。CAD/CAM/CAE 技术的出现，在提高生产率、改善质量、降低成本、减轻劳动强度等方面，与传统的模具设计制造方法相比，优越性无可比拟。本任务主要介绍模具设计的一般流程以及模具设计时应注意的问题，以游戏手柄上模的模具设计过程引导学生初步学会单分型面注塑模具的设计方法，为项目的实施打下基础。

【知识准备】

一、注塑模的定义和分类

1. 注塑模的定义

塑料注射成型所用的模具称为注塑模。对于注塑加工来讲，模具对塑件的质量影响是非常大的，如果对模具没有充分的了解，设计出的模具将很难注塑出优良的制件。

2. 注塑模的分类

注塑模的分类方法有很多，按照塑料制品的原材料性能和成型方法，可分为两大类：
（1）热固性塑料模：主要用于酚醛塑料、三聚氰胺树脂等各种胶木粉的压制成型。
（2）热塑性塑料模：主要用于热塑性注射成型和挤出成型。热塑性塑料主要有聚酰胺、聚甲醛、聚乙烯、聚丙烯、聚苯乙烯等。这些塑料在一定压力下在型腔内成型冷却后可保持已成型的形状，如果再次加热又可软化熔融再次成型。这类模具还包括中空吹塑模和真空成型模。

按照模具的结构特征可分为单分型面注塑模具、双分型面注塑模具、斜导柱侧向分型与抽芯注塑模具、带活动镶件的注塑模具、定模带推出装置的注塑模具以及自动卸螺纹注塑模具等。

另外，按其使用注塑机的类型可分为卧式注塑机用注塑模具、立式注塑机用注塑模具以及角式注塑机用注塑模具。按其采用的流道形式可分为普通流道注塑模具和热流道注塑模具。

二、模具设计的一般流程

注塑模设计时，必须全面分析塑料制件的结构特点，熟悉注塑机注塑生产过程中的特性与技术参数，熟悉注塑成型的工艺，熟悉不同条件下塑料熔体的流动行为和特征，并考虑模具结构的可靠性、加工性与经济性等因素。

利用设计软件进行模具设计的一般流程如图4-1-1所示。

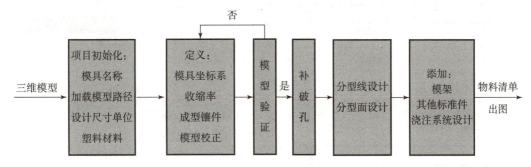

图4-1-1 注塑模具设计流程

三、NX 软件注塑模向导模块认识

注塑模向导是 UG NX 12.0 软件的一个应用模块，是注塑模具设计的专用模块。此模块遵循了模具设计的一般规律，可按工具条上的流程进行，工具条如图4-1-2所示。

图4-1-2 注塑模向导工具条

1. 项目初始化

项目初始化的过程是加载需要进行模具设计的产品零件和模具装配体结构生成的过程。零件载入后，将生成用于存放布局、型腔、型芯等的一系列文件。

项目初始化是使用注塑模向导模块进行模具设计的第一步，可以设置项目路径和名称、选择材料、更改收缩率、设置项目单位等。

项目初始化的操作步骤为：在"注塑模向导"工具条中单击"初始化项目"按钮，程序弹出"初始化项目"对话框，同时程序自动选择产品模型作为初始化项目的对象，如图4-1-3所示。

项目初始化进程结束以后，装配导航器中会生成模具装配体结构管理树，如图4-1-4所示。

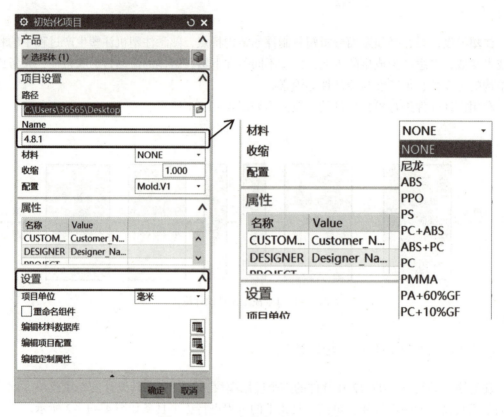

图4-1-3 "初始化项目"对话框

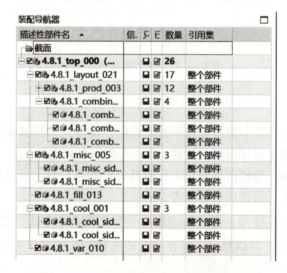

图4-1-4 初始化后模具装配体结构管理树

> ➢ *_top：表示顶层文件，包含了所有的模具数据文件。
> ➢ *_layout：包含了型腔布局设计的数据文件。
> ➢ *_prod：包括产品子装配的数据文件。
> ➢ *_misc：包括用于放置通用标准件和不是独立的标准件部件的数据文件，如定位圈、锁模块等。
> ➢ *_fill：用于放置浇口、流道等的数据文件。
> ➢ *_cool：用于放置冷却系统组件的数据文件。
> ➢ *_var：用于放置模架及标准件的表达式。

2. 设置模具 CSYS

模具 CSYS 在 MoldWizard 中是用于模具设计的参考坐标系，直接影响了模架的装配及定位，是所有标准件加载的参照基准。因此在整个设计过程中，模具坐标系的设置起着非常重要的作用。

> 注塑模向导模块规定：XCYC 平面是定模部分与动模部分的分界平面，也就是主分型面。模具坐标系的原点应在主分型面的中心，+ZC 轴矢量方向为模具的开模方向，也为顶出方向。

模具 CSYS 功能是把当前零件的工作坐标系的原点平移到模具绝对坐标系的原点，使绝对坐标原点在分型面上。

设置模具 CSYS 的操作步骤为：在"注塑模向导"工具条中单击"模具 CSYS"按钮，程序弹出"模具 CSYS"对话框，在该对话框中可以选定定位坐标系的方式，如图 4 – 1 – 5 所示。

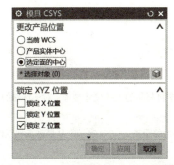

图 4 – 1 – 5　"模具 CSYS"对话框

> ➤ 当前 WCS：可以直接利用当前的工作坐标系的位置来定义模具坐标系。
>
> ➤ 产品实体中心：是指程序自动创建一个恰好能够包容零件的假想体，并把该假想体的中心位置确定为模具坐标系的原点位置。
>
> ➤ 选定面的中心：是指在零件上选定一个任意类型的面，程序将根据此面创建一个假想体，然后将假想体对角线的中心作为模具坐标系的原点。
>
> ➤ 锁定 X、Y、Z 位置：其中，勾选任意一个复选选项，工作坐标系的该选项轴与零件的位置关系不发生变化，即零件在该轴方向不产生移动。

3. 创建工件

工件是用来生成模具型腔和型芯的毛坯实体，是能够完全包容零件且与零件有一定距离的体积块。工件的大小主要取决于塑料制品的大小与结构，在保证足够强度的前提条件下，工件越紧凑越好；根据产品塑料制品的外形尺寸以及高度，可以确定工件的大致外形与尺寸。常见工件尺寸的参考数据如表 4-1-1 所示。

表 4-1-1　常见工件尺寸的参考数据　　　　　　　　　　　　　　　　mm

产品长度	产品高度	A	B	C
0~150	0~30	20~25	20~25	20~30
150~250		24~30		
100~350		24~30		
0~200	30~80	24~30	24~35	30~40
200~250		24~35		
250~300		30~35		
0~300	45~60	34~40	34~40	34~45
300~450		34~45		
400~450		40~50		
0~500	60~75	45~60	40~55	50~70
500~550				
550~600				

注：1. 以上数据仅作为一般性结构塑料制品的工件尺寸参考，对于特殊的塑料制品，应根据实际情况设计相应的工件尺寸。

2. "A"表示产品最大外形边到工件边的距离。"B"表示产品最高点到工件上端面的距离。"C"表示产品最低点处的分型面到工件下端面的距离。

设置工件尺寸的操作步骤为：在"注塑模向导"工具条中单击"工件"按钮 ，程序弹出"工件"对话框，在该对话框中，用户可以单击"绘制截面"按钮 ，以修改或绘制工件的截面草图，也可保持默认设置，在限制区域可以设置工件的高度，最后单击"确定"按钮，完成工件的创建，如图 4-1-6 所示。

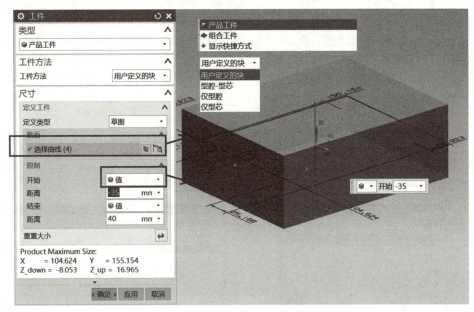

图 4-1-6 "工件"对话框

> ➤ 其实在"工件"对话框弹出时，程序已经创建了工件，只是想通过"工件"对话框进行设置，得到用户的确认而已。如果在"工件"对话框单击"取消"按钮，系统将生成组合工件。
>
> ➤ 一般情况下，用户只需修改工件的厚度参数即可，工件的厚度参数不能超过产品零件太多，否则会极大地浪费模具的材料。
>
> ➤ 要更改工件的尺寸，需要再次单击"注塑模向导"模块中的"工件"按钮，然后在打开的对话框中进行操作。

4. 型腔布局

模具型腔的布置主要有型腔数量和排列的确定。确定型腔数量的常用方法有：按照注塑机的最大注塑量确定、按照注塑机的额定锁模力确定模腔数、按照塑件的精度要求确定型腔数以及按照经济性确定型腔数等。对于一模多腔或者组合型腔的模具，浇注系统的平衡性是与型腔和流道的布局息息相关的。型腔布局的原则是尽可能采用平衡式排列、型腔布局和浇口开设部位应力对称、尽量使型腔排列紧凑。

设置型腔布局的操作步骤为：在"注塑模向导"工具条中单击"型腔布局"按钮 ，

程序弹出"型腔布局"对话框,在该对话框中,包括两种布局类型,即矩形和圆形,默认情况为矩形布局。矩形布局类型包括平衡和线性两种排列方式,如图4-1-7所示。

> **小提醒**
>
> ➤选择体:激活此命令后,可以在图形区中选择工件作为布局的参考。
>
> ➤开始布局:单击此按钮后,程序会自动生成用户设置的型腔布局。
>
> ➤编辑插入腔:单击此按钮,可以在弹出的"刀槽"对话框中创建和编辑退刀槽,如图4-1-8所示。
>
> ➤变换:单击此按钮,可以在弹出的"变换"对话框中进行型腔的平移、旋转或复制操作,如图4-1-9所示。
>
> ➤移除:单击此按钮,可以将选择的型腔移除。
>
> ➤自动对准中心:单击此按钮,布局中的所有型腔将以模具CSYS的原点作为中心进行对准。

图4-1-7 "型腔布局"对话框　　　　图4-1-8 "刀槽"对话框

【任务实施】

下面以游戏手柄任务实例来说明 UG NX 12.0 中单件模的准备过程。本任务的产品模型如图4-1-10所示。

操作步骤:

Step 1 启动 UG NX 12.0 软件,从光盘中打开本任务模型。

Step 2 选择"注塑模向导"应用模块,在"注塑模向导"工具条中单击"初始化项目"按钮,参照图4-1-11所示的对话框设置文件的保存路径、产品所用材料和收缩率等,并将"项目单位"设置为"毫米"。

项目四　游戏手柄上壳的模具设计

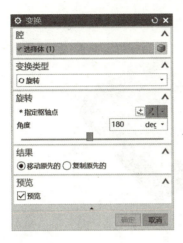

图4-1-9　"变换"对话框

图4-1-10　游戏手柄产品模型

Step 3　确定模具CSYS的位置。在"注塑模向导"工具条中单击"模具CSYS"按钮 ，在弹出的"模具CSYS"对话框中，选择"当前WCS"选项，如图4-1-12所示。注意+ZC的方向。

图4-1-11　"初始化项目"对话框

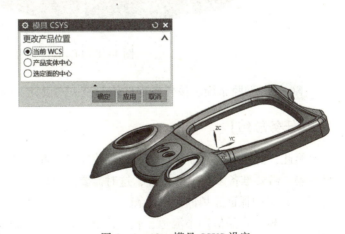

图4-1-12　模具CSYS设定

Step 4　创建工件。在"注塑模向导"工具条中单击"工件"按钮 ，在打开的"工件"对话框中设置工件的尺寸，如图4-1-13与图4-1-14所示。

135

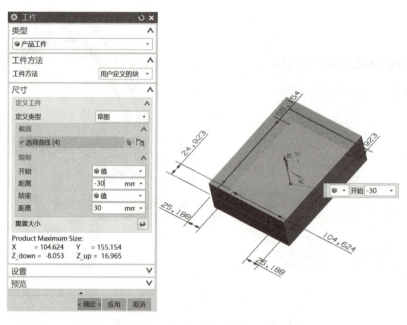

图4-1-13 工件参数的设定

图4-1-14 设定好的工件

Step 5 型腔布局。该任务零件依一模一穴设计，因此该准备工作可以省略。

【任务总结】

至此，游戏手柄的准备过程已经创建完毕。此任务属于单件模的模具准备过程。如因设计需要，需要准备多建模的设计，这时需要注意以下几个问题：

（1）必须保证充填的流动平衡。

（2）较小产品应用小流道，较大产品应用较大流道。

（3）较大产品应排布在中间，较小产品位置应稍远。

（4）必须合理设置排气孔或者排气槽，使产品不易产生气泡。

知识拓展

一、型腔数目的确定

当塑料产品设计完成并选定材料以后,就需要考虑单型腔模具还是多型腔模具了。一般可以依据以下几点对型腔数目进行确定。

(1) 按塑件的精度要求确定型腔数目。

受塑件精度的限制,属于精密技术级的,如 GB/T 14486—2008 中的 1、2 级只能一模一腔;技术 GB/T 14486—2008 中的 3、4 级最多可以一模四腔。

(2) 按注射机的最大注射量、额定锁模力确定型腔数目。

型腔数目受技术参数限制,技术参数有最大注射量、锁模力、最大注射面积等。

按最大注射量确定型腔数目:

$$n \leqslant (km_n - m_j)/m \tag{4-1-1}$$

式中　k——注射机最大注射量的利用系数;

　　　m_n——注塑机最大注射量;

　　　m_j——浇注系统凝料量;

　　　m——单个塑件的质量。

按额定锁模力确定型腔数目:

$$n \leqslant (F_n - PA_j)/PA \tag{4-1-2}$$

式中　F_n——注塑机的额定锁模力;

　　　P——塑料熔体对型腔的平均压力;

　　　A——单个塑件在分型面上的投影面积;

　　　A_j——浇注系统在分型面上的投影面积。

(3) 按经济性确定型腔数目。

受成本核算的限制,成本最低的型腔数核算:

$$n = \sqrt{Nyt/60C_1} \tag{4-1-3}$$

式中　N——制品总件数;

　　　y——每小时注塑成型加工费;

　　　t——成型周期;

　　　C_1——每一型腔所需承担的与型腔数目有关的模具费用。

二、型腔的布局

多型腔模具设计的重要问题之一就是浇注系统的布置方式。应使每个型腔都通过浇注系统从总压力中均等地分得所需的足够压力,以保证塑料熔体同时均匀地充满每个型腔,使各型腔塑件内的质量均一稳定。这就要求型腔与主流道之间的距离尽可能最短,同时采用平衡的流道和合理的浇口尺寸以及均匀的冷却等。合理的型腔排布可以避免塑件尺寸的差异、应力形成及脱模困难等问题。各种型腔的布局比较如表 4-1-2 所示。

表 4-1-2 各种型腔的布局比较

排列方式	优点	缺点
环形排布	到各个型腔的流程相等，对于带退螺纹装置的模具脱模尤为方便	只能容纳有限的型腔
串联排布	同样空间比环形排布所容纳的型腔数目多	各型腔流程不同，只有应用计算机设计各型腔浇口后，方可均匀进料
对称排布	到各型腔的距离相同，不需对各浇口尺寸进行校正	流道体积大，回料多，熔体冷却快，解决方法为使用热流道、绝热流道

多型腔模具最好用于同一尺寸及精度要求的制作，不同塑件原则上不应该用同一副多型腔模具生产。

【任务评价】

评价内容				学生姓名				评价日期			
评价项目	学生自评				生生互评				教师评价		
	优	良	中	差	优	良	中	差	优	良	中	差
课堂表现												
回答问题												
作业态度												
知识掌握												
综合评价	寄语											

任务二 游戏手柄上壳模具的分型设计

【任务目标】

(1) 知道注塑模向导自动分型的一般流程。
(2) 知道模具设计中分型面选择与设计的一般原则。
(3) 知道 NX 软件注塑模工具条中曲面修补按钮的相关知识。

【任务分析】

在模具设计中，定义分型线、创建分型面以及分离型芯和型腔是一个比较复杂的设计流程，尤其体现在处理复杂分型线和分型面的情况下。注塑模向导提供了一系列简化分型面设计的功能，且当产品被修改以后，仍然与后续的设计工作想关联。

本任务产品，即游戏手柄上壳，为塑料制件，其结构比较简单，因此在分模时要注意分型线的选取。

【知识准备】

一、分型面设计

将模具适当地分成两个或若干个可以分离的主要部分，这些可以分离部分的接触表面分开时可以取出塑件及浇注系统凝料，当成型时又必须接触封闭，这样的接触表面称为模具的分型面。分型面直接影响塑料熔体的流动充填特性及塑件的脱模，因此，分型面的选择是注塑模设计的一个关键。

1. 分型面的形式

注塑模具有的只有一个分型面，有的有多个分型面。分模后取出塑件的分型面称为主分型面，其余分型面称为辅助分型面。分型面的主要形式如图 4-2-1 所示。

2. 分型面的选择

至于如何确定分型面，需要考虑的因素比较复杂。一般应遵循以下几项基本原则：

(1) 分型面应选在塑件外形最大轮廓处。当已经初步确定塑件的分型方向后，分型面应选在塑件外形最大轮廓处，即通过该方向上塑件的截面积最大，否则塑件无法从型腔中脱出。如图 4-2-2 所示，分型面应选在最大轮廓处。

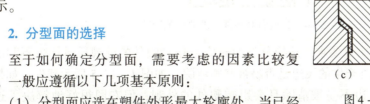

图 4-2-1 分型面的形式
(a) 平面；(b) 斜面；(c) 阶梯面；(d) 曲面

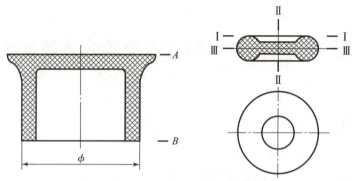

图 4-2-2　分型面的最大轮廓选择

（2）确定有利的留模方式，便于塑件顺利脱模。通常分型面的选择应尽可能使塑件在开模后留在动模一侧，这样有助于动模内设置的推出机构动作，否则在定模内设置推出机构往往会增加模具整体的复杂性，如图 4-2-3 所示。

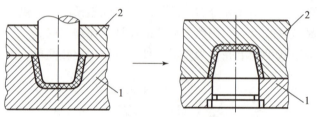

图 4-2-3　分型面对脱模的影响
1—动模；2—定模

（3）保证塑件的精度要求。与分型面垂直方向的高度尺寸，若精度要求较高，或为同轴度要求较高的外形或内孔，那么为了保证其精度，应尽可能将分型面设置在同一半模具型腔内。图 4-2-4 所示为双联塑料齿轮，如按第Ⅰ种分型，两部分齿轮将分别在动、定模内成型，那么合模精度会导致塑件的同轴度不能满足要求，而第Ⅱ种分型则保证了两部分齿轮的同轴度要求。

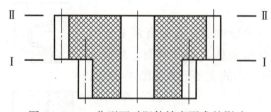

图 4-2-4　分型面对塑件精度要求的影响

（4）满足塑件的外观质量要求。选择分型面时应避免对塑件的外观质量产生不利的影响，同时需考虑分型面处所产生的飞边是否易被修整清除。如图 4-2-5 所示塑件，如按左图分型，圆弧处产生的飞边不易被清除且会影响塑件的外观，但右图很好地解决了这个问题。

（5）便于模具的加工制造。为了便于模具的加工制造，应尽量选择平直分型面或易于加工的分型面。如图 4-2-6 所示，如按直分型面分型，则型芯和型腔加工均很困难；如采用斜分型面分型，则加工较容易。

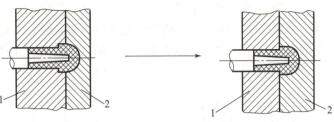

图 4-2-5　分型面对塑件外观质量的影响
1—动模；2—定模

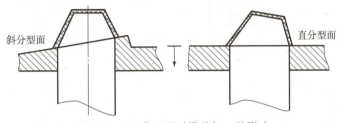

图 4-2-6　分型面对模具加工的影响

（6）对成型面积的影响。注塑机一般都规定其相应模具所允许使用的最大成型面积及额定锁模力。注塑成型过程中，当塑件（包括浇注系统）在合模分型面上的投影面积超过允许的最大成型面积时，将会出现胀模溢料现象，这时注塑成型所需的合模力也会超过额定锁模力。因此，为了可靠地锁模以避免胀模溢料现象的发生，选择分型面时应尽量减少塑件合模分型面上的投影面积。如图 4-2-7 所示，左图中塑件在合模分型面上的投影面积较大，锁模的可靠性较差；若采用右图方式分型，塑件在合模分型面上的投影面积比左图要小，保证了锁模的可靠性。

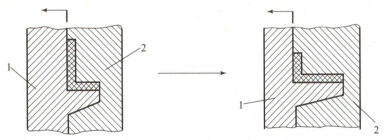

图 4-2-7　分型面对成型面积的影响
1—动模；2—定模

（7）有利于提高排气效果。分型面应尽量与型腔充填时塑料熔体的料流末端所在的型腔内壁表面重合。如图 4-2-8 所示，右图有利于注塑过程中的排气，分型较为合理。

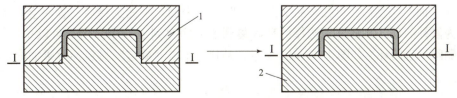

图 4-2-8　分型面对排气效果的影响
1—动模；2—定模

（8）对侧向抽芯的影响。当塑件需要侧向抽芯时，为保证侧向型芯的放置容易及抽芯机构的动作顺利，选定分型面时，应以浅的侧向凹孔或短的侧向凸台作为抽芯方向，将较深的凹孔或较高的凸台放置在开合模方向，并尽量把侧向抽芯机构设置在动模一侧，如图4-2-9所示，右图比左图要合理。

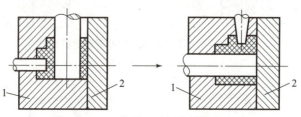

图4-2-9 分型面对侧向抽芯的影响
1—动模；2—定模

二、曲面修补

抽取型腔和型芯时，是假想将模型的内、外表面分别作为封闭区域的，但是这样的假想面要让软件能够识别出来，就必须把产品模型上的孔、槽等开放性的区域覆盖起来，由此可见，修补零件是分模前需要完成的工作。

UG NX 12.0中大部分的修补命令位于"注塑模工具"工具条中，包括曲面补片、扩大曲面补片、编辑分型面和曲面补片以及拆分面，如图4-2-10所示。

图4-2-10 "注塑模工具"工具条

1. 曲面补片

"曲面补片"命令指通过选择闭环曲线，生成曲面片体来修补孔。该命令的应用范围很广，特别适合修补曲面形状较为复杂的孔，且生成的补面非常光顺，适合机床加工。

曲面补片的操作步骤为：在"注塑模工具"工具条中单击"曲面补片"按钮◈，程序弹出"边修补"对话框，如图4-2-11所示。

"环选择"中的"类型"包括3种类型：面、体和移刀。

（1）"面"环选择类型。此类型仅适合修补单个平面内的孔，对曲面中的孔或由多个面组合而成的孔是不能修补的。

选择"面"类型后，可在产品中选择孔所在的平面。平面选择后，程序会自动选择孔边线作为修补的环，并将自动选择的环收集到下方的"列表"中。用户可以单击"移除"按钮来删除所选的环。如图4-2-12所示，补片后单击"确定"按钮，效果如图4-2-13所示。

项目四 游戏手柄上壳的模具设计

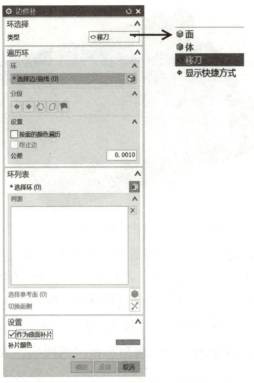

图 4-2-11 "边修补"对话框

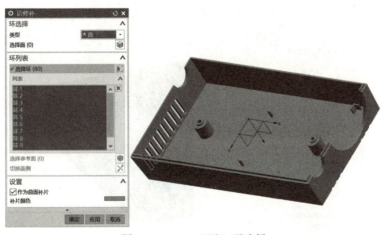

图 4-2-12 "面"环选择

作为曲面补片：勾选此复选框，生成的补片将作为"注塑模向导"模式中的曲面补片。

补片颜色：单击颜色条，可以在弹出的"颜色"对话框中更改补片的颜色显示。

（2）"体"环选择类型。此类型适合修补具有明显孔边线的孔。若程序所选择的孔边线不符合修补条件，也就无法以"体"类型来修补了。如果将产品模型进行了区域分析，则可以进行修补。其余选项与"面"类型中的选项相同，就不重复介绍了。

143

图4-2-13 补片后效果("面"类型)

(3)"移刀"环选择类型。此类型仅适合修补经过"区域分析"的产品模型。在经过区域分析的产品中,选择孔的第1条边线,之后程序会自动选择第2条边线。若自动选择的边线错误,则单击"分段"选项卡中的"循环候选项"按钮来搜索正确的边线;若边线正确,则单击"接受"按钮,继续选择其他孔边线,直到完成所有孔边线的选择为止。如果孔为半封闭,则在选择最后一条边线后单击"关闭环"按钮,封闭孔边线,如图4-2-14所示。

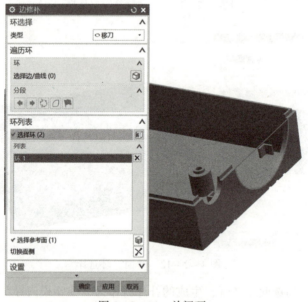

图4-2-14 关闭环

如果要返回到前一边线状态,则单击"上一个分段"按钮,补片后单击"确定"按钮,效果如图4-2-15所示。用户可以在搜索任意边线时,单击"退出环"按钮,随时结束孔边线的搜索。

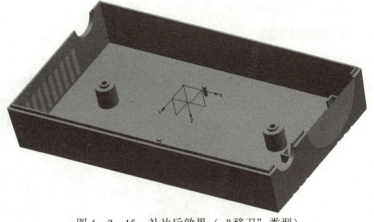

图 4-2-15 补片后效果（"移刀"类型）

2. 扩大曲面补片

"扩大曲面"是通过扩大产品模型上的已有曲面来获取面，然后通过控制获取面的 U、V 方向来扩充百分比，最后选取要保留或舍弃的修剪区域并得到补片。此命令主要用来修补形状简单的平面或曲面上的破孔，也可用来创建平面主分型面。

扩大曲面补片的操作步骤为：在"注塑模工具"工具条中单击"扩大曲面补片"按钮 ，程序弹出"扩大曲面补片"对话框，如图 4-2-16 所示。

该对话框中各选项含义如下：

（1）"选择面"：选择产品中包含破孔的表面，会显示扩大曲面预览，如图 4-2-17 所示。

图 4-2-16 "扩大曲面补片"对话框

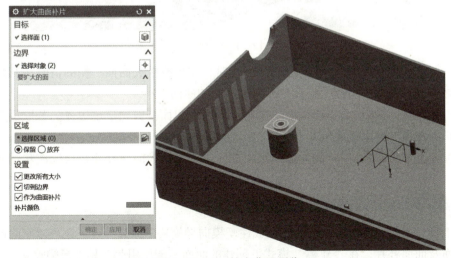

图 4-2-17 扩大曲面预览

（2）"选择对象"：在产品中可选择修剪扩大曲面的边界。用户也可在图形区域中拖动扩大曲面的控制箭头来更改曲面的大小，如图4-2-18所示。

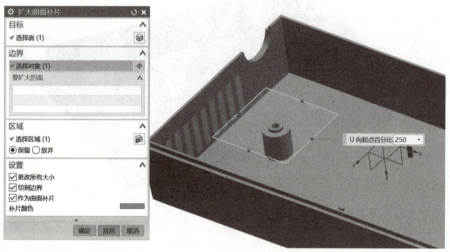

图4-2-18 拖动改变曲面大小

（3）"选择区域"：在扩大曲面内选择要保留的补片区域，如图4-2-19所示。

图4-2-19 扩大曲面补片后效果

（4）"更改所有大小"：此复选框被勾选时，在更改扩大曲面一侧的值时，其余侧的值也将随之更改。若取消勾选，将只更改其中一侧的曲面大小。

（5）"切到边界"：此复选框被勾选时，将扩大曲面修剪到指定边界。若取消勾选，将只创建扩大曲面，而不生成破孔补片。

（6）"作为曲面补片"：此复选框被勾选时，可将扩大曲面补片转换成注塑模向导的曲面补片。

3. 编辑分型面和曲面补片

此工具可以将一般曲面或补片转换成注塑模向导模块的曲面补片，还可以删除已创建的主分型面及曲面补片。在"建模"模式下创建的曲面不能使用此工具进行删除。

在"注塑模工具"工具条中单击"编辑分型面和曲面补片"按钮，程序弹出"编辑分型面和曲面补片"对话框，如图4-2-20所示。

该对话框中各选项的含义如下：

（1）"选择片体"：可以选择一般补片进行注塑模向导模块曲面补片的转换，也可以选择注塑模向导模块分型面和曲面补片进行删除。

（2）"保留原片体"：勾选此复选框，将保留转换前的一般补片或曲面。

4. 拆分面

此命令指利用用户创建的曲线、基准平面、交线或等斜度线来分割产品表面。"拆分面"工具与"建模"模块中的"分割面"工具的作用相同，但"拆分面"工具的分割面功能更强大，主要体现在拆分工具的选择范围增加。

在"注塑模工具"工具条中单击"拆分面"按钮 ，程序弹出"拆分面"对话框，如图 4-2-21 所示。

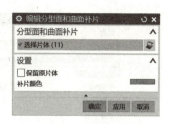

图 4-2-20　"编辑分型面和曲面补片"对话框

图 4-2-21　"拆分面"对话框

对话框中包含 4 种拆分面类型：曲线/边、平面/面、交点和等斜度。

（1）曲线/边。该类型主要利用用户创建的曲线或实体边来分割面。在没有创建曲线的情况下，可以添加直线来分割面。对话框中各选项的含义如下：

①"选择面"：激活此命令，可在产品中选择要分割的面。

②"选择对象"：选择曲线或实体边作为分割对象。

③"添加直线"：若还没有创建曲线，可以单击此按钮，然后通过弹出的"直线"对话框在产品表面创建直线，以此分割面，如图 4-2-22 所示。

（2）平面/面。该类型主要利用创建的基准平面或曲面来分割面。除"分割对象"区域中的"添加基准平面"选项用于创建分割平面外，其余选项与"曲线/边"类型中的完全相同，故不再重复叙述。对话框如图 4-2-23 所示。

（3）交点。该类型主要利用相交曲面的交线来分割面。对话框如图 4-2-24 所示。

（4）等斜度。该类型主要用来分割产品外侧的圆弧曲线，以此获得分型线。对话框如图 4-2-25 所示。

图 4-2-22 "直线"对话框

图 4-2-23 "拆分面"对话框–平面/面类型

图 4-2-24 "拆分面"对话框–交点类型

图 4-2-25 "拆分面"对话框–等斜度类型

三、分型管理

注塑模向导模块向用户提供了集成、自动化且便于管理的模具分型工具和分型管理器，可以轻松地进行产品的分型设计。

1. 模具分型工具条

"注塑模向导"工具栏中，有"分型刀具"工具条，如图 4-2-26 所示。

图 4-2-26 "分型刀具"工具条

2. 分型导航器

分型导航器的作用是控制模具分型部件的显示与隐藏，包括产品实体、工件、分型线、分型面、曲面补片、修补实体，以及型腔和型芯等，如图 4-2-27 所示。

3. 区域分析

在"分型刀具"工具条中，点击"区域分析"按钮，弹出"检查区域"对话框，如图 4-2-28 所示。"检查区域"对话框包括 4 个功能标签："计算"标签、"面"标签、"区域"标签和"信息"标签。

图 4-2-27　"分型导航器"对话框　　　　图 4-2-28　"检查区域"对话框"计算"标签

（1）"计算"标签。"计算"标签对话框如图 4-2-28 所示。

对话框中各选项的含义如下：

① "保持现有的"：保留初始化产品模型中的所有参数，做模型验证。

② "仅编辑区域"：仅对做过模型验证的部分进行编辑。当用户需要进行二次验证时，选择此单选按钮即可。

③ "全部重置"：删除以前的参数及信息，重做模型验证。

④ "指定脱模方向"：单击此按钮，用户可以重新指定产品的脱模方向。在初始化项目以后，模型的默认脱模方向一般为 +ZC 轴。

（2）"面"标签。此功能标签用来进行产品表面分析，其分析结果为用户修改产品提供了可靠的参考数据。产品表面分析包括面的拔模分析和产品分型线的分析。"面"标签所在的对话框如图 4-2-29 所示。

对话框中各选项的含义如下：

① "高亮显示所选的面"：此复选框用来控制选择的颜色分析面是否是高亮显示。

② "拔模角限制"：面拔模分析的角度参照。设定一个值，则执行面拔模分析后，所有大于、等于或小于此角度值范围的面都会显示出来。

③ "全部"：勾选此复选框，将显示产品中的所有面。

④ "正的 >= 3.00"：勾选此复选框，大于或等于3°拔模角度的面（型腔区域面）将高亮显示。

⑤ "正的 < 3.00"：勾选此复选框，大于0°且小于3°拔模角度的面（型腔区域面）将高亮显示。

⑥ "竖直 = 0.00"：勾选此复选框，等于0°拔模角度的面将高亮显示。

⑦ "负的 < 3.00"：勾选此复选框，大于0°且大于-3°拔模角度的面（型芯区域面）将高亮显示。

⑧ "负的 >= 3.00"：勾选此复选框，小于或等于-3°拔模角度的面（型芯区域面）将高亮显示。

⑨ "设置所有面的颜色"：单击此按钮，对产品表面的分析结果以颜色显示。

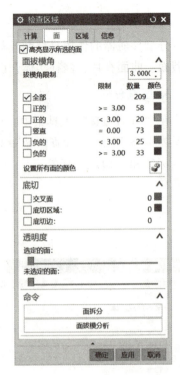

图4-2-29 "面"标签所在的对话框

⑩ "交叉面"：某单个面中既有正拔模角区域又有负拔模角区域。

⑪ "底切区域"：指对于产品的侧凹或侧孔特征处，程序无法判定其到底属于型腔区域还是型芯区域。

⑫ "透明度"：分选定面和未选定面两种，拖动滑块可以改变选定面或者未选定面的透明度。

⑬ "面拆分"：通过对面的拔模分析，针对产品中出现的交叉面进行面的分割。此功能与注塑模工具条上的"面拆分"工具完全相同。

⑭ "面拔模分析"：执行产品分型线分析。此按钮是针对产品修改的分析过程，它将拔模分析所得到的结果以各种颜色显示在产品的表面上。在"拔模角限制"文本框中输入要分析的拔模角限制值，然后单击"设置所有面的颜色"按钮，程序会自动执行面拔模分析，并在产品中以不同颜色表示分析后的结果，如图4-2-30所示；同时，程序会自动完成分型线的拔模分析。在该对话框中勾选"显示等斜线"复选框，在交叉面中会显示等斜线，也就是分割线。

(3) "区域"标签。该标签的主要作用是分析并计算型腔、型芯区域面的个数，以及对区域面进行重新指定。其对话框如图4-2-31所示。该标签下各选项的含义如下。

① "型腔区域"：为模具型腔表面的区域，一般为产品的外观。

② "透明度"：通过调节滑块可以设置型腔或型芯区域颜色的透明度。

③ "型芯区域"：为模具型芯表面的区域，一般为产品的内表面。

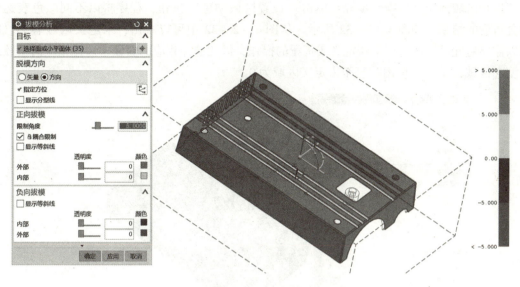

图 4-2-30 面拔模分析

图 4-2-31 "区域"标签对话框

④ "未定义区域"：程序无法定义的区域面，包括交叉区域面、交叉竖直面和未知面三种情况。交叉区域面是型腔与型芯区域的交叉，即型腔区域内包含型芯区域面，或型芯区域内包含型腔区域面。交叉竖直面是与脱模方向一致的产品区域面，此类面一般存在于产品的破孔中。未知面主要是在产品的侧孔、侧凹、倒扣等具有复杂形状结构的位置上。

⑤ "设置区域颜色"：可以将区域分析结果以不同的颜色显示出来。

⑥ "型腔区域"：将选择的面指派为型腔区域。

⑦ "型芯区域"：将选择的面指派为型芯区域。

进行区域面定义的操作步骤：单击"设置区域颜色"按钮，程序将以不同颜色表达区域分析后的结果，如图4－2－32所示。从图4－2－32中可以看出，未定义区域有22处，所以需要对此区域面进行重新定义或指派的操作，因此选择相应的曲面，选择相应的型腔或者型芯区域，单击"应用"直至未定义区域为0。

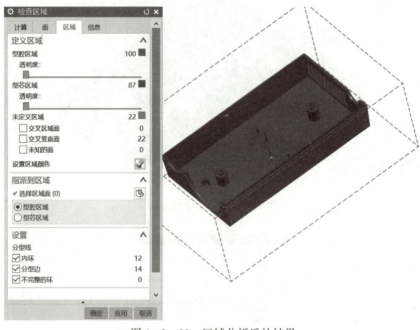

图4－2－32 区域分析后的结果

四、分型面设计

"设计分型面"按钮，主要用于模具分型面中主分型面的设计。用户可以使用此工具来创建主分型面、编辑分型线、编辑分型段和设置公差等。单击此按钮后，弹出"设计分型面"对话框，如图4－2－33所示。

1. "分型线"选项区

此区域主要用来收集在"区域分析"过程中抽取的分型线。如果之前没有抽取分型线，则"分型段"列表中不会显示分型线的分型段、删除分型面和分型线数量等信息。

2. "自动创建分型面"选项区

仅当选择了分型线后，此选项区才会显示。该选项区提供了3种主分型面的创建方法，即拉伸、有界平面和条带曲面，如图4－2－34所示。

图4－2－33 "设计分型面"对话框

图 4-2-34 "创建分型面"选项区

3. "编辑分型线"选项区

此区域主要用于手工选择产品分型线或分型段。在该区域单击"选择分型线",即可在产品上选择分型线,单击对话框中的"应用"按钮,所选择的分型线将在"分型段"列表中出现。若单击"遍历分型线"按钮,则可通过弹出的"遍历分型线"对话框遍历分型线,如图 4-2-35 所示。

4. "编辑分型段"选项区

该区域主要用于选择要创建主分型面的分型段,以及编辑引导线的长度、方向和删除等。该区域各选项含义如下:

(1)"选择分型或引导线(0)":激活此命令后,在产品中选择要创建分型面的分型段和引导线,引导线即主分型面的截面曲线。

(2)"选择过渡曲线":过渡曲线指主分型面某一部分的分型线。可以是单段分型线,也可以是多段分型线。在选择过渡曲线之后,主分型面将按照指定的过渡曲线进行创建。

(3)"编辑引导线":引导线是主分型面的截面曲线,其长度及方向决定了主分型面的大小和方向。单击"编辑引导线"按钮,可以通过弹出的"引导线"对话框来编辑引导线,如图 4-2-36 所示。

图 4-2-35 "遍历分型线"对话框

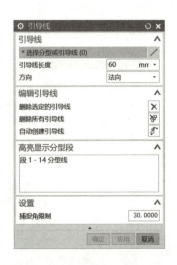

图 4-2-36 "引导线"对话框

5. "设置"选项区

该选项区用来设置各段主分型面之间的缝合公差以及分型面的长度。

分型面的创建效果如图 4-2-37 所示。

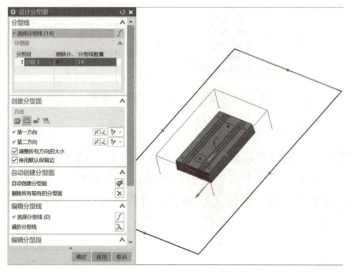

图 4-2-37 分型面的创建效果

【任务实施】

任务一中，关于游戏手柄上壳已完成准备过程。本任务的要求是完成该产品的分型面设计。

操作步骤：

Step 1 启动 UG NX 12.0 软件，从光盘中打开任务一完成的模型。

Step 2 选择"注塑模向导"应用模块，在"注塑模向导"工具条中单击"曲面补片"按钮，在弹出的"边修补"对话框中，选择"环选择"的"类型"为"面"，选择游戏手柄上壳的下表面，此时环列表中会出现"环1"，如图 4-2-38 所示。

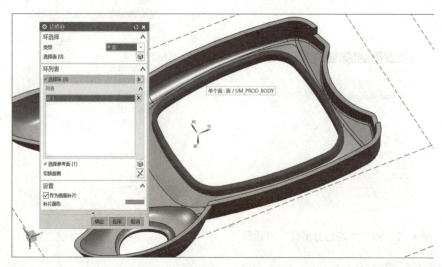

图 4-2-38 "边修补"对话框"面"类型（一）

单击"应用"按钮,结果如图4-2-39所示。

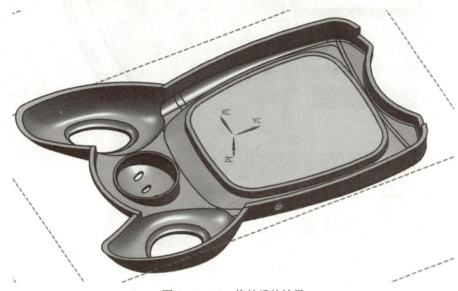

图4-2-39 修补后的结果

Step 3 在"注塑模向导"工具条中单击"曲面补片"按钮,在弹出的"边修补"对话框中,选择"环选择"的"类型"为"面",选择游戏手柄上壳的中下部内表面,如图4-2-40所示。

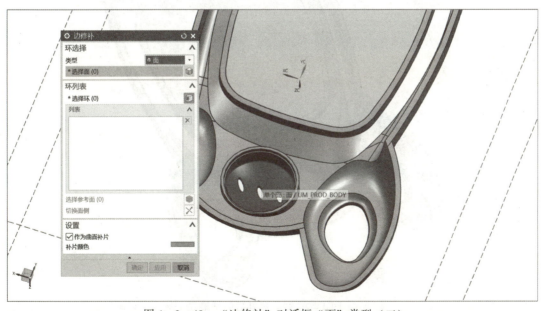

图4-2-40 "边修补"对话框"面"类型(二)

此时环列表中会出现"环1""环2""环3",同时曲面上的三个孔边缘线呈红色高亮状态,如图4-2-41所示。

单击"应用"按钮,结果如图4-2-42所示。

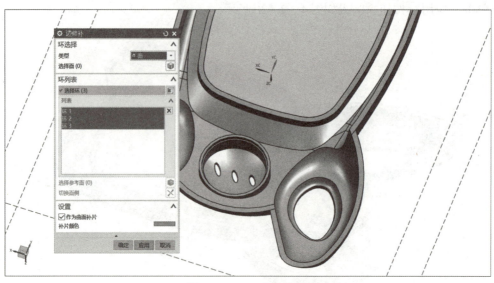

图 4-2-41 破孔选择

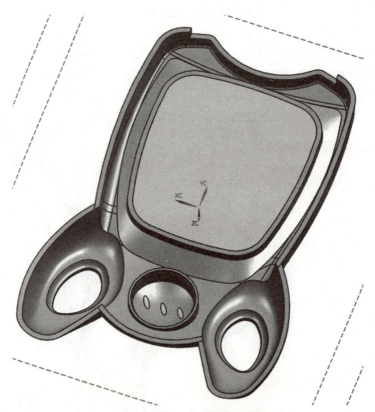

图 4-2-42 修补后的结果

Step 4 在"注塑模向导"工具条中单击"曲面补片"按钮◈，在弹出的"边修补"对话框中，选择"环选择"的"类型"为"移刀"，将"设置"区域中"按面的颜色遍历"复选框取消选择（取消选择后才可在产品上选线），选择游戏手柄上壳中控制杆孔位侧壁的曲线，单击"接受"按钮 ➪ ，如图 4-2-43 所示。

图 4-2-43　"边修补"对话框"移刀"类型

此时系统自动选择出另一条曲线,单击"接受"按钮 ,"环列表"中跳出"环1",如图 4-2-44 所示。

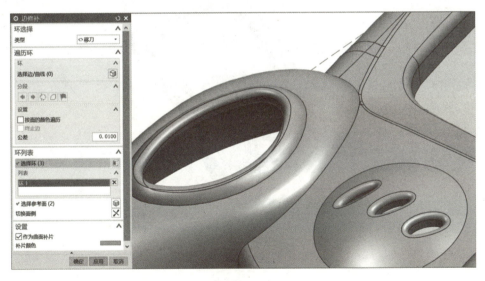

图 4-2-44　"边修补"对话框"环1"选择

按照同样的方法,选择游戏手柄上壳中控制杆另一孔位侧壁的曲线,如图 4-2-45 所示。

单击"应用"按钮,结果如图 4-2-46 所示。

Step 5　在"注塑模向导"工具条中单击"检查区域"按钮 ,在弹出的"检查区域"对话框中,单击"设置区域颜色"按钮 ,此时游戏手柄上壳呈现出棕、蓝两色,对话框"未定义区域"中"交叉竖直面"有5个需要重新定义,如图 4-2-47 所示。

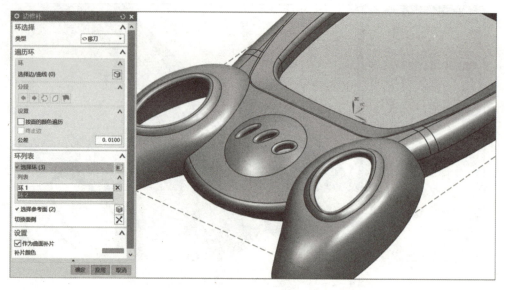

图4-2-45 "边修补"对话框"环2"选择

图4-2-46 修补后的结果

Step 6 选中"交叉竖直面"复选框,选择"型腔区域"单选项,单击"应用"按钮,让破孔侧壁面成为型腔区域,如图4-2-48所示。

Step 7 在"注塑模向导"工具条中单击"设计分型面"按钮,在弹出的"设计分型面"对话框中,单击"遍历分型线"按钮,弹出"遍历分型线"对话框。在游戏手柄上壳产品上选择最大轮廓线,单击"接受"按钮,系统自动选择相连的下一条曲线,继续单击"接受"按钮,直到外侧曲线自动闭合为止,如图4-2-49所示。

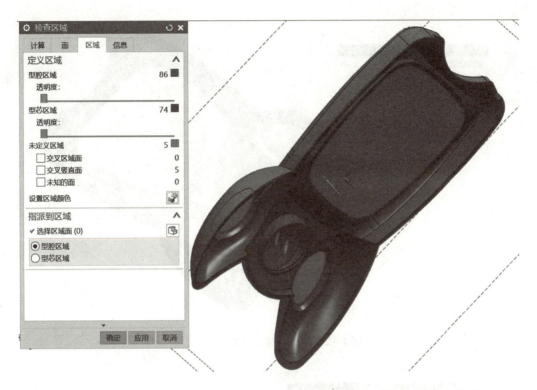

图 4-2-47 "检查区域"对话框

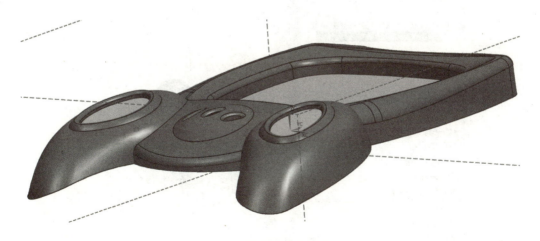

图 4-2-48 重新定义型腔区域

Step 8 单击"应用"按钮,单击"取消"按钮,退回到"设计分型面"对话框,在"分型段"列表中单击"分段1",此时"创建分型面"区域被激活,单击"引导式延伸"按钮,使分型面延伸方向向下,如图 4-2-50 所示。

Step 9 单击"确定"按钮,最后分型面效果如图 4-2-51 所示。

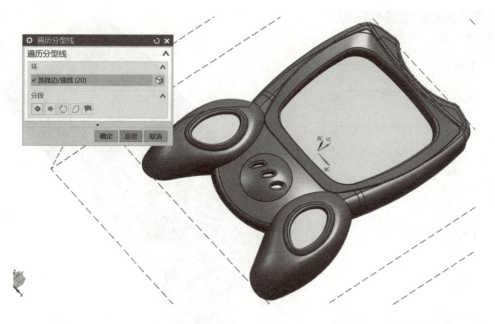

图4-2-49 "遍历分型线"对话框

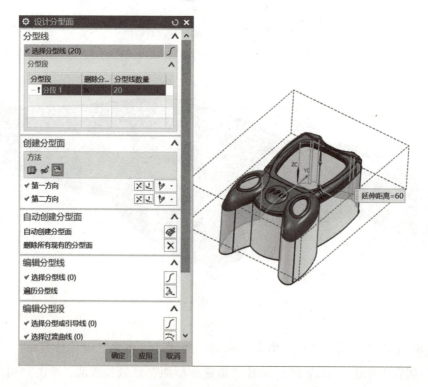

图4-2-50 创建分型面

项目四 游戏手柄上壳的模具设计

图4-2-51 分型面创建结果

【任务总结】

至此,游戏手柄上壳模具的分型面设计任务结束。选择塑件的分型面的首要原则是要判断塑件外形的最大轮廓;其次要考虑塑件的外观质量、精度、是否便于脱模等要素。在区域分析时,尤其要关注未定义区域。如果有未定义区域,则必须重新定义,以免后续操作出现问题。

 知识拓展

实体修补工具

"注塑模向导"模块的实体修补工具既能在模具设计环境下使用,也可用于建模设计的环境。使用实体修补工具,有效地结合"建模"模块和"模具设计"模块来设计模具,可以大大提高模具的设计效率。该工具主要包括创建方块、拆分体以及实体补片。

1. 创建方块

在"注塑模向导"模块中,通过"创建方块"工具创建的规则材料特征称为方块(在建模环境称为实体)。"创建方块"工具适用于"注塑模向导"模块装配环境以外的特征。方块不仅可以作为模胚使用,还可用来修补产品的靠破孔。

161

在创建方块时，参照对象可以是平面，也可以是曲面，程序会按照标准的6个矢量方向（坐标系的6个矢量方向）来延伸方块。

在"注塑模工具"工具条上单击"创建方块"按钮，程序将弹出"创建方块"对话框。该对话框中包含三种方块类型，即中心和长度、有界长方体和有界圆柱体，如图4-2-52所示。

图4-2-52 "创建方块"对话框

（1）有界长方体。此类型以所选参照对象来创建完全包容参照的方块。使用该类型创建模胚的速度快，但尺寸不够精确，可用来创建实体大致特征。

该对话框中各选项的含义如下：

①"选择对象"：选择产品模型中的表面作为对象参照。

②"间隙"：对象参照面边缘至方块边框的距离，通过设置此值可控制方块的总体尺寸。

③"参考CSYS"：通过单击此按钮，可以动态设置WCS或模具CSYS。

在使用"有界长方体"类型创建方块时，需要在产品的长、宽和高方向上选择参照面，这样才会生成一个完全包容产品模型的默认间隙的方块。通过更改间隙值，或者在图形区中单击方向手柄，可以改变方块的尺寸，如图4-2-53所示。

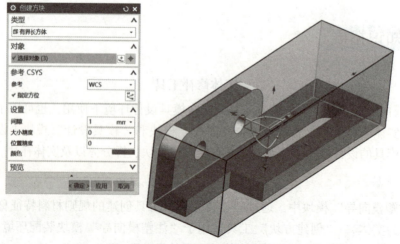

图4-2-53 "有界长方体"类型

(2)中心和长度。此类型以参考点为方块中心,通过设置参考点在"XC、YC、ZC"方向上的长度值,或者在图形区域中单击方向手柄来控制方块的总体尺寸,如图4-2-54所示。使用该类型可创建精确尺寸的方块。

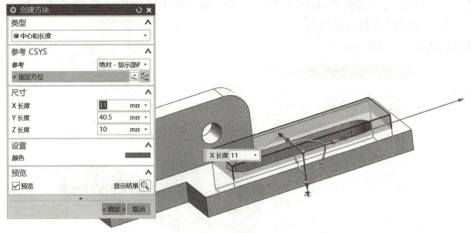

图4-2-54 "中心和长度"类型

(3)有界圆柱体。此类型类似于"有界长方体"类型。对话框中各选项含义就不再重复说明。在使用"有界圆柱体"类型创建圆柱体时,需要在产品的长、宽和高方向上选择参照面,这样才会生成一个完全包容产品模型的默认间隙的圆柱体。通过更改间隙值,或者在图形区域中单击方向手柄,可以改变方块的尺寸,如图4-2-55所示。

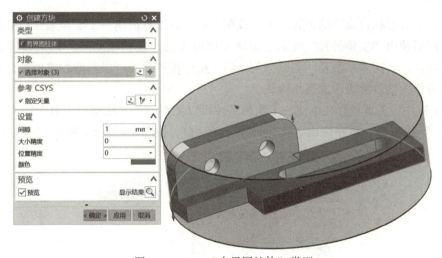

图4-2-55 "有界圆柱体"类型

2. 拆分体

"拆分体"工具是用一个面、基准平面或其他几何体去拆分一个实体,并保留分割后实体的所有参数。

"注塑模工具"工具条中的"拆分体"工具用于布尔求差运算。在使用"拆分体"工具时,分割工具必须与分割目标体形成完整相交,在分割结束后,所得实体的参数会被自动移除。

在"注塑模工具"工具条中单击"拆分体"按钮，程序弹出"拆分体"对话框，该对话框中各选项的含义如下：

①"选择体（1）"：激活此命令，在图形区域中可选择要拆分的目标体。

②"工具选项"："选择面或平面（1）"是指选择图形区域中已有的实体、面、片体或基准面作为拆分或修剪的刀具体。

具体如图 4-2-56 所示。

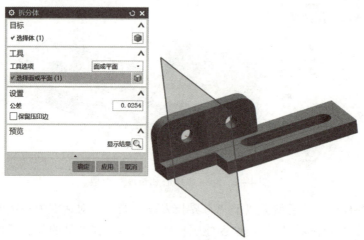

图 4-2-56　"拆分体"对话框

3. 实体补片

当产品上有形状较简单的破孔、测凹或侧孔特征时，可创建一个实体来修补破孔、侧凹或侧孔；然后使用"实体补片"工具，将该实体定义为"注塑模向导"模块模具设计模式中默认的补片。该实体在型芯、型腔分割以后，按作用的不同可以和型芯或型腔合并成一个整体，或者作为抽芯滑块、成型小镶块。

"实体补片"工具只有在创建一个实体后才可以使用。在"注塑模工具"工具条中单击"实体补片"按钮，程序弹出"实体补片"对话框，如图 4-2-57 所示。

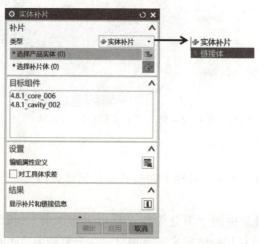

图 4-2-57　"实体补片"对话框

"实体补片"对话框中有两个补片类型:实体补片与链接体。

① "实体补片":选择"实体补片"类型,可将一般实体转换成"注塑模向导"模块默认的补片。

② "链接体":除模具总装配体部件以外的所有实体,包括使用"注塑模工具"工具条创建的实体特征和用 UG 中其他模块创建的实体。选择"链接体"类型,可以将实体补片链接到模具组件中,例如在修补侧凹或侧孔时,该实体补片可以链接到滑块组件中变为滑块头。

③ "选择产品实体 ":选择产品模型作为补片目标体。

④ "选择补片体 ":选择创建的修补实体作为补片的工具体。

⑤ "目标组件":选择"链接体"类型,将要链接的补片链接到装配体的组件中,所选择的装配体组件将被收集到"目标"选项区的列表中。

⑥ "编辑属性定义 ":单击"编辑属性定义"按钮,通过打开 Excel 来编辑装配体组件的属性。

⑦ "对工具体求差":勾选此复选框,补片体将从产品实体中分离出来。

⑧ "显示补片和链接信息 ":单击"显示信息"按钮,可打开信息窗口来查看补片和链接信息。

图 4-2-58 所示为创建实体补片的范例。

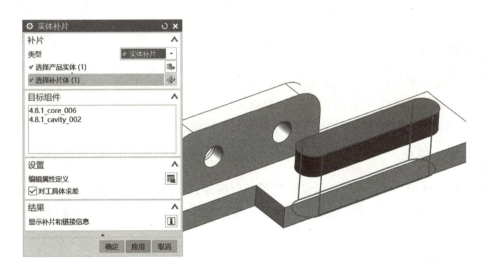

图 4-2-58 创建实体补片的范例

【任务评价】

评价内容					学生姓名				评价日期			
评价项目	学生自评				生生互评				教师评价			
	优	良	中	差	优	良	中	差	优	良	中	差
课堂表现												
回答问题												
作业态度												
知识掌握												
综合评价					寄语							

任务三　游戏手柄上壳模具的型腔分割

【任务目标】

（1）知道注塑模向导型腔分割的一般流程。
（2）知道模具设计中型腔和型芯的结构形式。
（3）会运用 NX 软件对不同类型的产品进行分模设计。

【任务分析】

在模具设计中，当产品零件已经完成了分型面的设计时，即进入模具型腔的分割阶段。在此之前，必须对型腔、型芯的基本结构形式加以熟悉，对于特殊型芯的结构形式只需了解即可。

【知识准备】

一、型腔和型芯的结构形式

模具中决定塑件几何形状和尺寸的零件称为成型零件，包括凹模、型芯、镶块、成型杆和成型环等。成型零件工作时，直接与塑料接触，承受塑料熔体的高压、料流的冲刷，脱模时与塑件间还发生摩擦。因此，成型零件要求有正确的几何形状、较高的尺寸精度和较低的表面粗糙度值，此外，成型零件还要求结构合理，有较高的强度、刚度及较好的耐磨性能。

设计成型零件时，应根据塑料的特性和塑件的结构及使用要求，确定型腔的总体结构，选择分型面和浇口位置、确定脱模方式、排气部位等，然后根据成型零件的加工、热处理、装配等要求进行成型零件结构设计，计算成型零件的工作尺寸，对关键的成型零件进行强度和刚度校核。

1. 凹模

凹模是成型塑件外表面的主要零件，按其结构不同，可分为整体式和组合式两类。

①整体式凹模。整体式凹模由整块材料加工而成，如图4-3-1所示。它的特点是牢固，使用中不易发生变形，不会使塑件产生拼接线痕迹。但由于加工困难，热处理不方便，整体式凹模常用在形状简单的中、小型模具上。

②组合式凹模。组合式凹模是指凹模由两个以上零件组合而成。按组合方式的不同，可分为整体嵌入式、局部镶嵌式、底部镶拼式、侧壁镶拼式、多件镶拼式和四壁拼合式等形式。

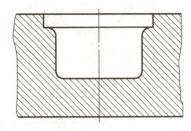

图4-3-1 整体式凹模

a. 整体嵌入式凹模：小型塑件用多型腔模具成型时，各单个凹模采用机械加工、冷挤压、电加工等方法加工制成，然后压入模板中。这种结构加工效率高，装拆方便，可以保证各个型腔形状、尺寸一致。凹模与模板的装配及配合如图4-3-2所示。其中图4-3-2（a）～（c）称为通孔凸肩式，凹模带有凸肩，从下面嵌入凹模固定板，再用垫板螺钉紧固。如果凹模镶件是回转体，而型腔是非回转体，则需要用销钉或键止转定位。图4-3-2（b）是销钉定位，结构简单，装拆方便；图4-3-2（c）是键定位，接触面大，止转可靠；图4-3-2（d）是通孔无台肩式，凹模嵌入固定板内用螺钉与垫板固定；图4-3-2（e）是非通孔的固定形式，凹模嵌入固定板后直接用螺钉固定在固定板上，为了不影响装配精度，使固定板内部的气体充分排除及装拆方便，常常在固定板下部设计有工艺通孔，这种结构可省去垫板。

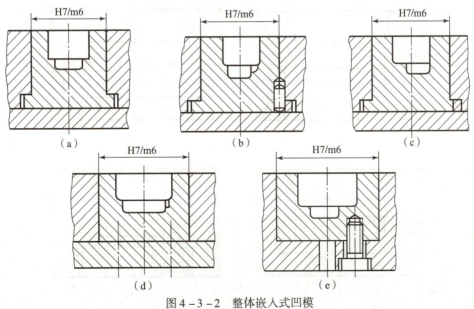

图4-3-2 整体嵌入式凹模

b. 局部镶嵌式凹模：对于型腔的某些部位，为了加工上的方便，或对特别容易磨损、需要经常更换的，可将该局部做成镶件，再嵌入凹模，如图4-3-3所示。

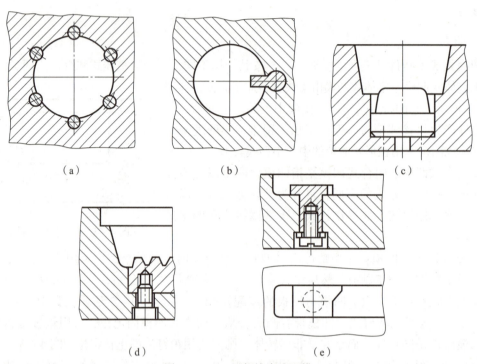

图4-3-3　局部镶嵌式凹模

c. 底部镶拼式凹模：为了便于机械加工、研磨、抛光和热处理，形状复杂的型腔底部可以设计成镶拼式，如图4-3-4所示。图4-3-4（a）为在垫板上加工出成型部分镶入凹模的结构；图4-3-4（b）~（d）为型腔底部镶入镶块的结构。

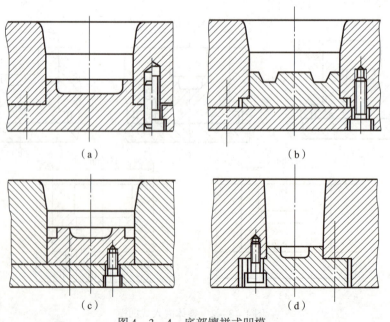

图4-3-4　底部镶拼式凹模

d. 侧壁镶拼式凹模：侧壁镶拼结构如图 4-3-5 所示。这种结构一般很少采用，这是因为在成型时，熔融塑料的成型压力使螺钉和销钉产生变形，从而达不到产品的要求。图 4-3-5（a）中，螺钉在成型时将受到拉伸；图 4-3-5（b）中，螺钉和销钉在成型时将受到剪切。

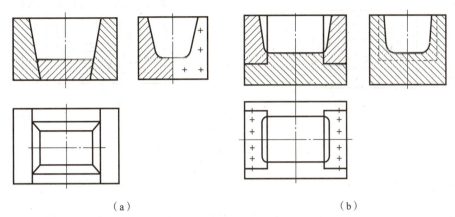

(a)   (b)

图 4-3-5 侧壁镶拼式凹模

e. 多件镶拼式凹模：凹模也可以采用多镶块组合式结构，根据型腔的具体情况，在难以加工的部位分开，这样就把复杂的型腔内表面加工转化为镶拼块的外表面加工，而且容易保证精度，如图 4-3-6 所示。

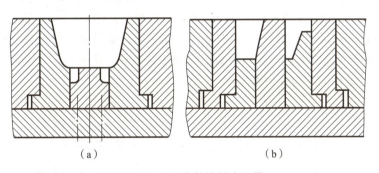

(a)   (b)

图 4-3-6 多件镶拼式凹模

f. 四壁拼合式凹模：大型和形状复杂的凹模，把四壁和底板单独加工后镶入模板中，再用垫板螺钉紧固，如图 4-3-7 所示。在图 4-3-7（b）所示的结构中，为了保证装配的准确性，侧壁之间采用扣锁连接；连接处外壁应留有 0.3~0.4 mm 间隙，以使内侧接缝紧密，减少塑料挤入。

综上所述，采用组合式凹模，简化了复杂凹模的加工工艺，减少了热处理变形，拼合处有间隙利于排气，便于模具维修，节省了贵重的模具钢。为了保证组合式型腔尺寸精度和装配的牢固性，减少塑件上的镶拼痕迹，对于镶块的尺寸、形状、位置公差要求较高，组合结构必须牢靠，镶块的机械加工工艺性要好。因此，选择合理的组合镶拼结构是非常重要的。

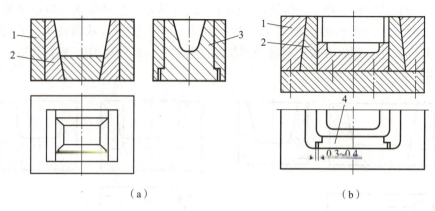

(a)　　　　　　　　　　　　　(b)

图4-3-7　四壁拼合式凹模
1—模套；2,3—侧拼块；4—底拼块

2. 凸模和型芯

凸模和型芯均是成型塑件内表面的零件。凸模一般是指成型塑件中较大的、主要内形的零件，又称主型芯；型芯一般是指成型塑件上较小孔槽的零件。

①主型芯的结构。主型芯按结构可分为整体式和组合式两种，如图4-3-8所示。其中图4-3-8（a）为整体式，结构牢固，但不便加工，消耗的模具钢多，主要用于工艺试验模或小型模具上形状简单的型芯。在一般的模具中，型芯常采用如图4-3-8（b）~（d）所示的结构。这种结构是将型芯单独加工，再镶入模板中。图4-3-8（b）为通孔凸肩式，凸模用台肩和模板连接，再用垫板螺钉紧固，连接牢固，是最常用的方法。对于固定部分是圆柱面而型芯有方向性的场合，可采用销钉或键止转定位；图4-3-8（c）为通孔无台肩式；图4-3-8（d）为不通孔的结构。

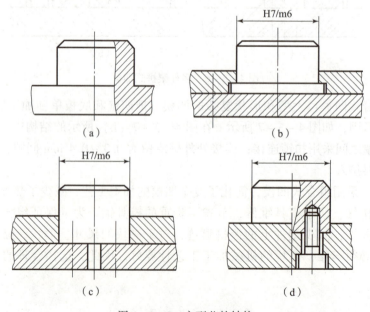

图4-3-8　主型芯的结构

为了便于加工，形状复杂的型芯往往采用镶拼组合式结构，如图 4-3-9 所示。

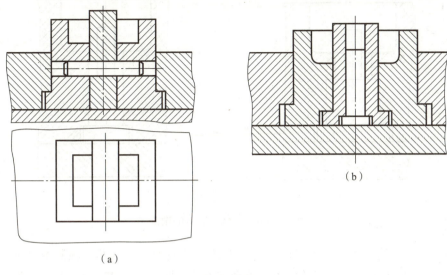

图 4-3-9 镶拼组合式型芯

组合式型芯的优缺点和组合式凹模的基本相同。设计和制造这类型芯时，必须注意结构合理，应保证型芯和镶块的强度，防止热处理时变形；应避免尖角与薄壁。图 4-3-10（a）中的小型芯靠得太近，热处理时薄壁部位易开裂，应采用图 4-3-10（b）所示的结构，将大的型芯制成整体式，再镶入小的型芯。

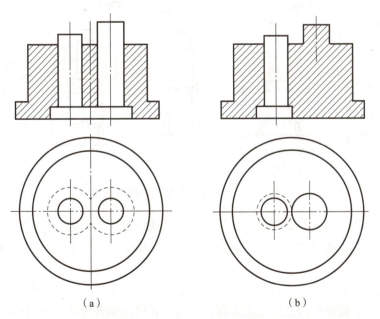

图 4-3-10 相近型芯的组合结构

在设计型芯结构时，应注意塑料的溢料飞边不应该影响脱模取件。图 4-3-11（a）所示结构的溢料飞边的方向与塑件脱模方向相垂直，影响塑件的取出；而 4-3-11（b）所示结构溢料飞边的方向与脱模方向一致，便于脱模。

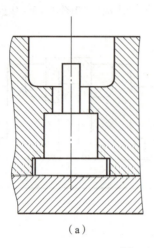
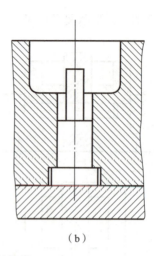

(a)　　　　　　　　　　　　　(b)

图4-3-11　便于脱模的镶拼

② 小型芯的结构。小型芯用于成型塑件上的小孔或槽。小型芯单独制造，再嵌入模板中。图4-3-12所示为小型芯常用的几种固定方法。图4-3-12（a）是用台肩固定的形式，下面用垫板压紧；如固定板太厚，可在固定板上减少配合长度，如图4-3-12（b）所示；图4-3-12（c）是型芯细小而固定板太厚的形式，型芯镶入后，在下端用圆柱垫垫平；图4-3-12（d）是用于固定板厚而无垫板的场合，在型芯的下端用螺塞紧固；图4-3-12（e）是型芯镶入后在另一端采用铆接固定的形式。

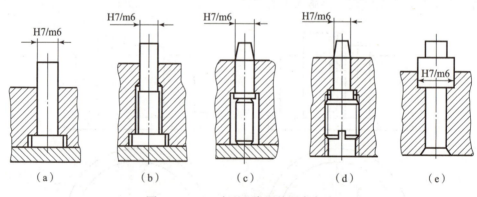

图4-3-12　小型芯常用的固定方法

对于异形型芯，为了制造方便，常将型芯设计成两段，型芯的连接固定段制成圆形，并用凸肩和模板连接，如图4-3-13（a）所示；也可以用螺钉紧固，如图4-3-13（b）所示。

多个互相靠近的小型芯，用凸肩固定时，如果凸肩发生重叠干涉，则将凸肩相碰的一面磨去，将型芯固定板的台阶孔加工成大圆台阶孔或长腰圆形台阶孔，然后再将型芯镶入，如图4-3-14所示。

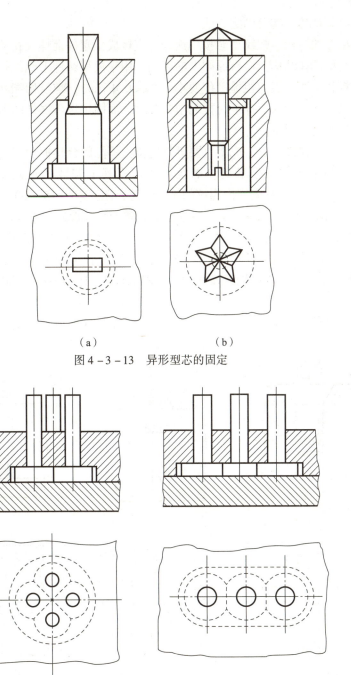

（a）　　　　　　　　（b）

图 4-3-13　异形型芯的固定

（a）　　　　　　　　（b）

图 4-3-14　多个互相靠近的型芯固定

3. 螺纹型芯和螺纹型环的结构设计

螺纹型芯和螺纹型环是分别用来成型塑件上内螺纹和外螺纹的活动镶件。另外，螺纹型芯和螺纹型环还可以用来固定带螺纹孔和螺杆的嵌件。成型后，螺纹型芯和螺纹型环的脱卸方法有两种：一种是模内自动脱卸；另一种是模外手动脱卸。这里仅介绍模外手动脱卸的螺纹型芯和螺纹型环的结构及固定方法。

①螺纹型芯的结构。螺纹型芯按用途分为直接成型塑件上螺纹孔的和固定螺母嵌件的两种。两种螺纹型芯在结构上没有原则上的区别，用来成型塑件上螺纹孔的螺纹型芯在设计时必须考虑塑料收缩率，表面粗糙度值要小（$Ra<0.4~\mu m$），螺纹始端和末端按塑料螺纹结构要求设计，以防止从塑件上拧下时拉毛塑料螺纹；而固定螺母嵌件的螺纹型芯不必考虑收缩率，按普通螺纹制造即可。

螺纹型芯安装在模具上，成型时要可靠定位，不能因合模振动或料流冲击而移动；开模时能与塑件一道取出并便于装卸。螺纹型芯在模具上安装的形式如图4-3-15所示。图4-3-15（a）~（c）是成型内螺纹的螺纹型芯；图4-3-15（d）~（f）是安装螺纹嵌件的螺纹型芯。图4-3-15（a）是利用锥面定位和支承的形式；图4-3-15（b）是用大圆柱面定位和台阶支承的形式；图4-3-15（c）是用圆柱面定位和垫板支承的形式；图4-3-15（d）是利用嵌件与模具的接触面起支承作用，以防止型芯受压下沉；图4-3-15（e）是将嵌件下端镶入模板中，以增加嵌件的稳定性，并防止塑料挤入嵌件螺孔中；图4-3-15（f）是将小直径的螺纹嵌件直接插入固定在模具上的光杆型芯上，因螺纹牙沟槽很细小，塑料仅能挤入一小段，并不妨碍使用，这样可省去模外脱卸螺纹的操作。

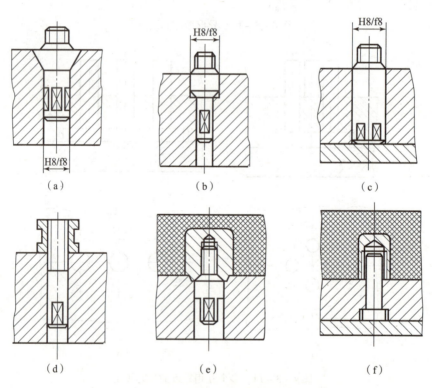

图4-3-15 螺纹型芯的安装形式

螺纹型芯的非成型端应制成方形或将相对两边磨成两个平面，以便在模外用工具将其旋下。

图4-3-16所示是固定在立式注射机上模或卧式注射机动模部分的螺纹型芯结构及固定方法。由于合模时冲击振动较大，螺纹型芯插入时应有弹性连接装置，以免造成型芯脱落

或移动,导致塑件报废或模具损伤。图4-3-16(a)是带豁口柄的结构,豁口柄的弹力将型芯支撑在模具内,适用于直径小于8 mm的型芯;图4-3-16(b)是用台阶起定位作用,并能防止成型螺纹时挤入塑料;图4-3-16(c)、(d)是用弹簧钢丝定位,常用于直径为4~10 mm的型芯上;当螺纹型芯直径大于10 mm时,可采用图4-3-16(e)所示的结构,用钢球弹簧固定,当螺纹型芯直径大于15 mm时,则可反过来将钢球和弹簧装置放在型芯杆内;图4-3-16(f)是利用弹簧卡圈固定型芯;图4-3-16(g)是用弹簧夹头固定型芯。

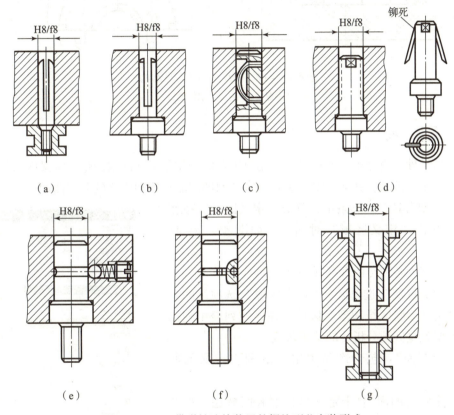

图4-3-16 带弹性连接装置的螺纹型芯安装形式

螺纹型芯与模板内安装孔的配合用H8/f8。

②螺纹型环的结构。螺纹型环常见的结构如图4-3-17所示。图4-3-17(a)是整体式的螺纹型环,型环与模板的配合用H8/f8,配合段长3~5 mm;为了安装方便,配合段以外制出3°~5°的斜度,型环下端可铣成方形,以便用扳手从塑件上拧下。图4-3-17(b)是组合式型环,型环由两半瓣拼合而成,两半瓣中间用导向销定位。成型后用尖劈状卸模器楔入型环两边的楔形槽内,使螺纹型环分开。组合式型环卸螺纹快而省力,但会在成型的塑料外螺纹上留下难以修整的拼合痕迹,因此,这种结构只适用于精度要求不高的粗牙螺纹的成型。

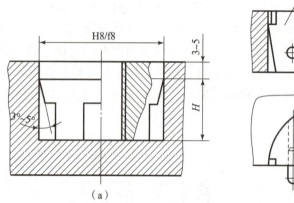 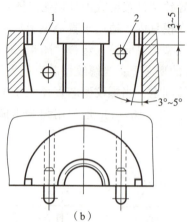

图 4-3-17　螺纹型环的常见结构
1—螺纹型环；2—定位销钉

二、定义区域

当产品零件完成分型面创建以后，需要进行的操作是定义区域命令。定义区域是指定义型腔区域和型芯区域，并抽取出区域面。区域面即产品外侧和内侧的复制曲面。

在"分型刀具"工具条中，单击"定义区域"按钮，程序弹出"定义区域"对话框，如图 4-3-18 所示。

该对话框中各项目的含义如下：

① "定义区域"选项区。"定义区域"选项区的主要作用是定义型腔区域和型芯区域。在区域列表中列出的参考数据就是区域分析后的结果数据。

a. "所有面"：包含产品中定义的和未定义的所有面。

b. "未定义的面"：未定义出是型腔区域还是型芯区域的面。

c. "型腔区域"：包含属于型腔区域的所有面。

d. "型芯区域"：包含属于型芯区域的所有面。

e. "新区域"：属于新区域的面。

f. "创建新区域"：激活此命令后，可以创建新的区域，为创建抽芯滑块和斜顶机构提供方便。

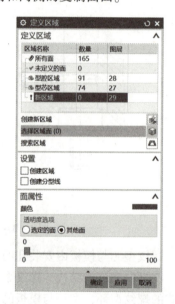

图 4-3-18　"定义区域"对话框

g. "选择区域面"：在区域列表中选择一个区域后，激活"选择区域面"命令，可以为该区域添加新的面。

② "设置"选项区。"设置"选项区中包含两个复选框，其含义如下：

a. "创建区域"：勾选此复选框，程序将抽取型腔区域面和型芯区域面。若取消勾选，则不会抽取区域面。

b. "创建分型线"：勾选此复选框，可在抽取区域面后抽取出产品的分型线，包括内部环和分型边。

③"面属性"选项区。此选项区用来设置区域面的颜色及透明度的显示。

a."颜色":单击颜色块图标▇▇▇,将弹出"颜色"对话框,如图4-3-19所示。通过该对话框,可将所选区域面的颜色更改为用户需要的颜色。

b."透明度选项":用于设置区域面的透明度;包括两个子选项,即"选定的面"和"其他面"。选择"选定的面"选项,拖动滑块将改变选定区域面的透明度;选择"其他面"选项,拖动滑块将改变除选定面以外的面的透明度。

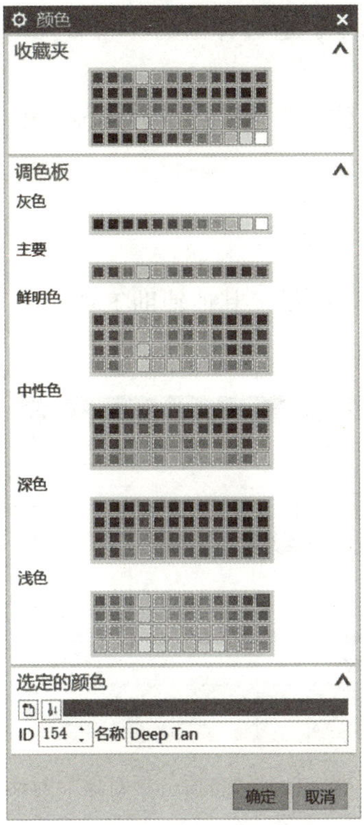

三、定义型腔和型芯

当注塑模向导的模具设计面处于区域定义完成阶段时,可以使用"定义型腔和型芯"工具来创建模具的型腔和型芯零部件。

在"分型刀具"工具条中单击"定义型腔和型芯"按钮 ,程序将弹出"定义型腔和型芯"对话框,如图4-3-20所示。

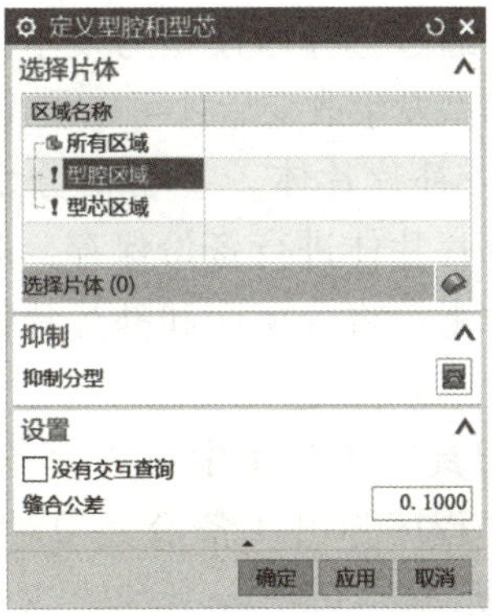

图4-3-19 "颜色"对话框　　　图4-3-20 "定义型腔和型芯"对话框

该对话框中各项目的含义如下:

①"所有区域":选择此选项,可同时创建型腔和型芯。

②"型腔区域":选择此选项,可自动创建型腔。

③"型芯区域":选择此选项,可自动创建型芯。

④"选择片体":当程序不能完全拾取分型面时,用户可手动选择片体或曲面来添加或取消多余的分型面。

⑤"抑制分型 ":撤销创建的型腔与型芯部件(包括型腔与型芯的所有部件信息)。

⑥"缝合公差":为主分型面与补片缝合时所取的公差范围值。若间隙大,此值可取大一些;若间隙小,此值可取小一些;一般情况下保留默认值。有时型腔、型芯分不开,这与缝合公差的取值有很大关系。

1. 分割型腔或型芯

若用户没有对产品进行项目初始化操作,而直接进行型腔或型芯的分割操作,则需要手工添加或删除分型面。

若用户对产品进行了项目初始化操作，则在"选择片体"选项区的列表中选择"型腔区域"选项，然后单击"应用"按钮，程序会自动选择并缝合型腔区域面、主分型面和型腔侧曲面补片。如果缝合的分型面没有间隙、重叠或交叉等问题，程序会自动分割出型腔部件。

2. 分型面检查

当缝合的分型面出现问题时，可选择"检查几何体"命令，通过弹出的"检查几何体"对话框对分型面中存在的交叉、重叠或间隙等问题进行检查。

在"检查几何体"对话框的"操作"选项区中单击"信息"按钮，程序会弹出"信息"窗口，通过该窗口，用户可以查看分型面检查的信息。

四、其他分型工具

在成功进行了型腔、型芯分割操作后，注塑模向导模块还提供了其他辅助工具，用于辅助模具自动分型。辅助工具包括交换模型、备份分型/补片片体。

①交换模型。"交换模型"是当产品模型与原模型发生改变时，通过选择原模型与发生改变的模型进行交换。仅当模型发生改变后才可以使用此功能。

②备份分型/补片片体。"备份分型/补片片体"是将分模面和补片片体进行备份保存，避免产生因在后续设计过程中不慎将分模面和补片片体删除而无法查找的情况。

在"分型刀具"工具条中单击"备份分型/补片片体"按钮，程序弹出"备份分型对象"对话框，如图4-3-21所示。

图4-3-21 "备份分型对象"对话框

通过选择"类型"下拉列表框中的选项，可以将分型面、曲面补片或两者都进行保存。

【任务实施】

任务二中，游戏手柄上壳已完成分型面的创建。本任务的要求是要完成该产品的分模设计。

操作步骤：

Step 1 启动 UG NX 12.0 软件，从光盘中打开任务二完成的模型。

Step 2 选择"注塑模向导"应用模块，在"分型刀具"工具条中，单击"定义区域"按钮，程序弹出"定义区域"对话框，在"定义区域"标签栏中选择"型腔区域"选项，通过拖动"面属性"标签栏下面的滑块，查看组成型腔的面。继续在"定义区域"标签栏中选择"型芯区域"选项，通过拖动"面属性"标签栏下面的滑块，查看组成型芯的面。在确认型腔和型芯的组成无误以后，选中"定义区域"标签栏中的"所有面"选项，然后勾选"创建新区域"复选框，最后单击"确定"按钮，完成抽取区域和分型线的操作，如图 4-3-22 所示。

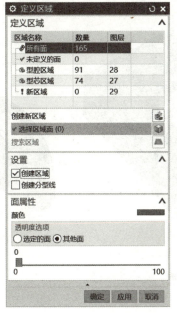

图 4-3-22 "定义区域"对话框

Step 3 在完成上面的操作后,在"分型刀具"工具条中单击"定义型腔和型芯"按钮,程序将弹出"定义型腔和型芯"对话框。在"选择片体"列表中选择"所有区域"选项,然后勾选"没有交互查询"复选框,单击"确定"按钮,如图 4-3-23 所示。

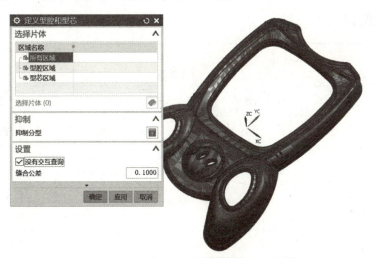

图 4-3-23 "定义型腔和型芯"对话框

检查显示出的型腔与型芯是否还有问题,没有问题后,选择文件下方的"全部保存",如图 4-3-24、图 4-3-25 所示。

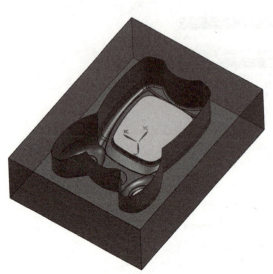
图 4-3-24 型腔

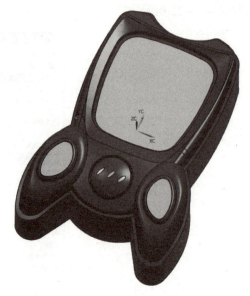
图 4-3-25 型芯

【任务总结】

本任务是对游戏手柄上壳模具进行型腔分割,该任务完成的型芯,后续可制成嵌入式型芯镶块,固定在动模板中。另外,定义区域时,要再次检查"未定义的面"是否为0。在定义型腔和型芯时,要选择"所有区域",这样才能同时分割出型芯与型腔零件。

【任务评价】

评价内容					学生姓名				评价日期			
评价项目	学生自评				生生互评				教师评价			
	优	良	中	差	优	良	中	差	优	良	中	差
课堂表现												
回答问题												
作业态度												
知识掌握												
综合评价			寄语									

任务四　游戏手柄上壳模具的型腔加工

【任务目标】

（1）会对型腔类零件进行加工工艺的分析。
（2）会用 NX 软件加工模块中的型腔。
（3）会生成刀具轨迹并进行后处理，产生数控机床的 NC 程序。

【任务分析】

根据游戏手柄上壳模具的型腔零件，分析型腔零件的自由曲面。型腔内部主要是复杂的曲面，精度要求较高。可以对该型腔先进行粗加工、二次开粗、半精加工，再精加工曲面。选择较大的立铣刀进行粗加工，再用较小直径的球头立铣刀进行精加工。

【知识准备】

型腔铣适用于非直壁的、岛屿的顶面和槽腔的底面为平面或曲面零件的加工。对于模具的型腔以及其他带有复杂曲面的零件的粗加工，多选用岛屿的顶平面和槽腔的底平面之间为切削层，在每一个切削层上，根据切削层平面与毛坯和零件几何体的交线来定义切削范围。

切削层是型腔铣最重要的参数，是创建型腔铣的关键。型腔铣中，切削层可分为总的切削深度和每一刀的切削深度。切削深度可通过"全局切削深度""切削范围"来定义。

在打开的"加工环境"对话框中，选择合适的模板，在"要创建的 CAM 设置"标签栏中，选择"mill contour"（表示型腔铣），如图 4-4-1 所示。

图 4-4-1　"加工环境"对话框

型腔铣的创建方法与平面铣类似，用户可以在如图4-4-2所示的对话框中设置相关的参数，查看型腔铣的加工过程。

图4-4-2 "型腔铣-［CAVITY-ROUGH-1］"对话框

【任务实施】

任务三中，游戏手柄已完成型腔分割等工作。本任务的要求是要完成该型腔零件的加工。

操作步骤：

Step 1 在加工前，首先须设置好坐标系。用"格式"菜单中"WCS"中的动态，将坐标系的Z轴正方向朝上，并将坐标系原点移到加工表面，如图4-4-3所示。

Step 2 利用建模环境下的"拉伸"命令，建立工件毛坯，如图4-4-4所示。

Step 3 在"格式"菜单中，选择"移动至图层"，将刚刚创建的工件毛坯移至第10图层，并选择"视图中的可见图层"将第10图层设置为"不可见"状态，如图4-4-5所示。

项目四 游戏手柄上壳的模具设计

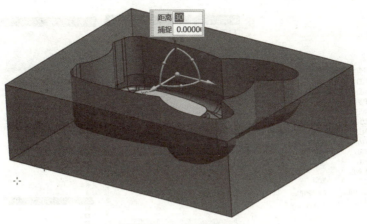

图 4-4-3 坐标系设置

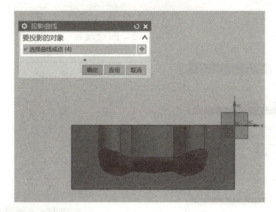

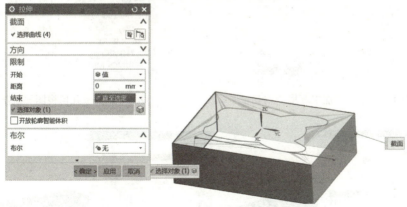

图 4-4-4 建立工件毛坯

Step 4 单击菜单"开始"中的"加工"应用。在跳出的"加工环境"对话框中选择"mill contour",单击"确定"按钮,如图 4-4-6 所示。

Step 5 在导航器工具栏中,单击选择"几何视图"按钮,切换导航器如图 4-4-7 所示。

Step 6 双击导航器中的坐标系"MCS_MILL"按钮,使加工坐标系 MCS 和基准坐标系重合,设置安全平面,如图 4-4-8 所示。

183

 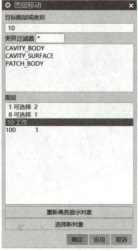 

图4-4-5　图层设置

　　　　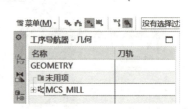

图4-4-6　"加工环境"对话框　　　　图4-4-7　几何视图导航器

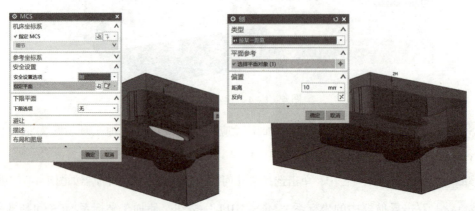

图4-4-8　"MCS"安全平面设置

Step 7 单击"创建几何体"按钮 ![创建几何体], 按照图 4-4-9 所示更改相应选项, 单击"确定"按钮, 进入"工件"对话框。

图 4-4-9 "工件"对话框

Step 8 指定整个型腔零件为部件几何体, 指定毛坯方式为包容块, 如图 4-4-10 所示。

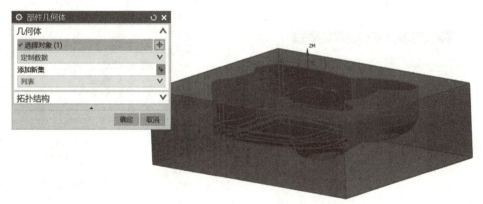

图 4-4-10 "部件几何体"对话框

Step 9 打开"格式"菜单中的"视图中的可见图层"设置, 将第 10 图层设置为可见, 选择之前的工件毛坯作为指定毛坯, 最后再把第 10 图层设置为不可见, 如图 4-4-11 所示。

Step 10 单击导航器工具栏中的"机床视图"按钮, 单击"创建刀具"按钮 ![创建刀具], 在"创建刀具"对话框中, 选择刀具类型为"mill_contour", 设置刀具名称为 D10, 单击"确定"按钮, 如图 4-4-12 所示。在弹出的"铣刀参数"对话框中, 设置刀具直径为 10 mm。

Step 11 利用同样的方法, 创建一把直径为 5 mm 的立铣刀, 命名为 D5。

Step 12 单击导航器工具栏中的"程序顺序视图"按钮, 再单击菜单栏中的"创建工序"命令 ![创建工序], 新建加工操作, 选择加工类型为"mill_contour", 工序子类型为"型腔铣", 刀具为"D10", 几何体为"WORKPIECE", 加工方法为"MILL_ROUGH"(图 4-4-13), 单击"确定"进行操作的设定。

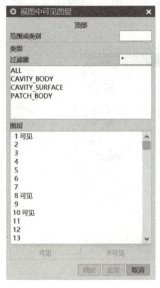

图4-4-11 指定毛坯

图4-4-12 "创建刀具"对话框　　图4-4-13 "创建工序"对话框

Step 13 选择切削模式为跟随周边,单击"切削层"设置按钮,按照默认设置单击"确定",如图4-4-14所示。

Step 14 单击"切削参数"按钮,进入"切削参数"对话框,选择"余量"选项卡,将部件侧面余量更改为0.5000,单击"确定",如图4-4-15所示。

Step 15 单击"非切削移动"按钮,进入对话框,将最小斜面长度改小,单击"确定",如图4-4-16所示。

Step 16 单击"进给率和速度"按钮,进入对话框,选择如图4-4-17所示设置,单击"确定"。

186

项目四 游戏手柄上壳的模具设计

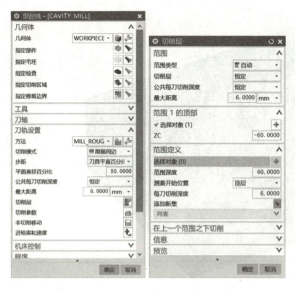

图 4-4-14 "型腔铣"对话框

图 4-4-15 "切削参数"对话框

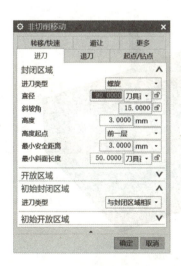

图 4-4-16 "非切削移动"对话框

图 4-4-17 "进给率和速度"对话框

Step 17 在"型腔铣"对话框中,单击"产生轨迹"按钮,即可产生型腔铣加工的刀具轨迹,生成刀具加工轨迹路线,完成刀具粗加工操作,如图 4-4-18 所示。

Step 18 如果单击对话框中的"确认"按钮,可以模拟加工,如图 4-4-19 所示。

187

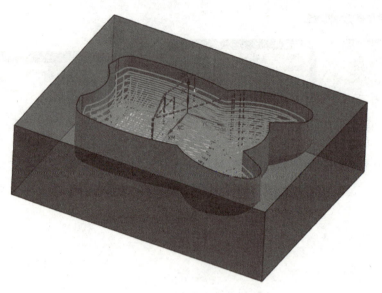

图 4-4-18 "产生轨迹"操作

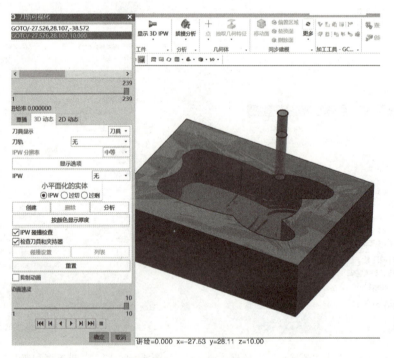

图 4-4-19 模拟加工

Step 19 右键单击"粗加工",单击"后处理",进入"后处理"对话框,可以生成粗加工的 G 代码,如图 4-4-20 所示。

Step 20 粗加工完成后,可以进行二次粗加工、半精加工以及轮廓精加工、小曲面精加工的操作,此处不再详述。

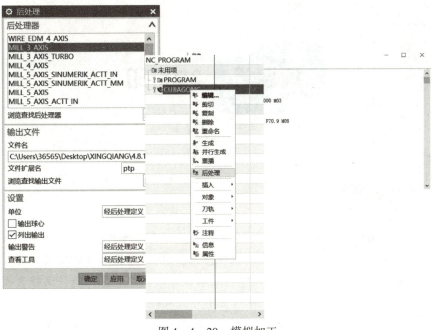

图4-4-20 模拟加工

【任务总结】

本任务中的型腔零件加工，与普通零件的加工有较大的区别。切削参数的选择等，要依据各型腔零件的不同结构去考虑与选择，模拟加工时可检查刀具加工轨迹路线的正确性。二次粗加工、半精加工以及轮廓精加工、小曲面精加工的操作，可后续自行拓展。

【任务评价】

评价内容					学生姓名				评价日期			
评价项目	学生自评				生生互评				教师评价			
	优	良	中	差	优	良	中	差	优	良	中	差
课堂表现												
回答问题												
作业态度												
知识掌握												
综合评价				寄语								

项目五　3D打印

 项目需求

以塑料凳子和涡轮为项目任务，让学生掌握软件曲面建模的一般应用技巧，利用3D打印机打印出产品实物，让学生直观地看到设计结果。3D打印技术目前发展迅速，随着新材料的使用，在未来的加工制造中，3D打印将逐渐被应用到现实生产中，这将大大缩短产品设计和实验周期。这项技术将是工程技术人员不可或缺的。

选择塑料凳子和涡轮作为项目任务，能有效地激发学生的学习兴趣，让学生喜欢UG软件，知道UG强大的曲面造型功能，增强学生学习的动力。

 项目工作场景

本项目在机房进行编程，需要依靠网络平台和3D打印机，在3D打印机上完成3D模型的打印。

 方案设计

本项目以塑料凳子和涡轮3D打印为任务，该任务是典型曲面建模，曲面建模是UG强大功能的一个方面，在教材编写方面我们按照一般曲面建模的步骤完成曲面建模，完成建模后转成3D打印所需格式，即STL格式，并在3D打印软件中进行切片处理，生成切片文件后进行打印，让学生体验到真实3D打印的乐趣，激发他们的学习兴趣。

 相关知识和技能

(1) 了解3D打印技术的特点。
(2) 掌握3D打印机的基本操作。
(3) 掌握UG软件的曲面建模命令，完成产品的建模及格式转换。
(4) 掌握3D打印的参数设置，完成3D打印。

任务一　塑料凳子的绘制

【任务目标】

（1）了解 UG 曲面建模的一般步骤。
（2）掌握 UG 曲面绘制命令的一般方法。
（3）掌握用 UG 软件进行曲面编辑的方法以及保存 STL 格式的方法。

【任务分析】

塑料凳子是典型的曲面，也是典型的生活用品，是产品设计中最常见的一类产品，它的建模思路很具有代表性。本任务在教学时不求将每个命令的操作讲解得详细透彻，我们只根据该任务的需要讲解必要的参数设置，避免参数过多让学生产生畏难情绪。

【知识准备】

一、UG 曲面造型介绍

使用 UG 的曲面造型能设计出各种复杂的形状。曲面造型的方式大致可分为点构造曲面、曲线构造曲面和基于已有曲面构造新曲面等 3 大类。本任务将介绍常用的曲面造型、编辑功能和用法。曲面造型与编辑命令包含在"插入"菜单中的"曲面""偏置，比例""网格曲面""扫描""弯边曲面"等子菜单中，或者在"曲面"工具条中，如图 5-1-1 所示。

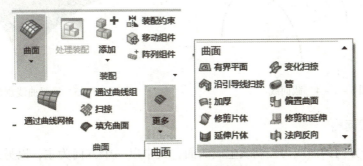

图 5-1-1　曲面工具

1. 直纹

按照指定的两条截面线生成曲面，如果截面线是封闭曲线，则生成实体。
打开菜单"插入"→"网格曲面"→"直纹面"，或单击"曲面"工具条中的"直纹"按钮，选择曲线 1，单击"确定"按钮，再选择曲线 2，双击"确定"按钮，弹出"直纹"曲面公差等参数对话框，一般按默认值设定，单击"确定"按钮创建直纹曲面。其操作方法与 MaterCAM 软件相同。

首先构建如图 5-1-2 所示的曲面截面线，由截面线生成的直纹曲面如图 5-1-3 所示。

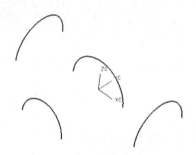

图 5-1-2　曲面截面线

图 5-1-3　直纹曲面

2. 通过曲线

沿着某一方向通过一组指定的截面线生成曲面，如果该组截面线都是封闭曲线，则生成实体。

打开菜单"插入"→"网格曲面"→"通过曲线"，或单击"曲面"工具条中的"通过曲线"按钮，按"直纹"命令中选择曲线的方法选择曲线，同样注意曲线上的箭头方向要一致。单击"确定"按钮，弹出"通过曲线"曲面公差等参数对话框，一般按默认值设定，单击"确定"按钮创建曲面。其操作方法与 MaterCAM 软件的举升曲面相同。

由图 5-1-4 所示截面线生成的直纹曲面如图 5-1-5 所示。

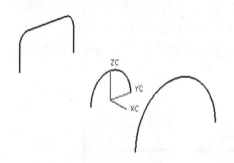

图 5-1-4　截面线

图 5-1-5　通过曲线创建曲面

3. 通过曲线网格

以两组两个方向的曲线为控制线生成曲面，其中以一个方向为主，以另一个方向为辅。如果主曲线是封闭曲线，则生成实体。

打开菜单"插入"→"网格曲面"→"通过曲线网格"，或单击"曲面"工具条中的"通过曲线网格"按钮，按照"直纹"命令中选择曲线的方法选择主曲线，所有主曲线都选择完成后再选择辅曲线，方法也相同。单击"确定"按钮完成曲线选择，再视需要选择脊线，单击"确定"按钮弹出"通过曲线网格"曲面公差等参数对话框，一般按默认值设定，单击"确定"按钮创建曲面。

注意：每确定一根主曲线，主曲线上便出现一个方向箭头，保持箭头方向一致，辅曲线上不生成箭头方向。

绘图实例：

（1）绘制如图 5-1-6 所示构建图形曲面的线框图形。

（2）单击"通过曲线网格"按钮，选择 2 条曲线作为主曲线，每选择一条主曲线，其上就出现一个箭头方向，并保持箭头方向一致，连续两次单击"确定"按钮表示完成辅曲线的选择，如图 5-1-7 所示（注：主、辅曲线可任选）。

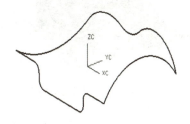

图 5-1-6　构建图形

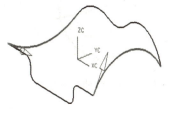

图 5-1-7　选择主曲线

（3）再选择 2 条曲线作为辅曲线，全部选择完成后，连续两次单击"确定"按钮表示完成辅曲线的选择，系统弹出"通过曲线网格"对话框。对话框中各项参数按默认值设定，单击"确定"按钮创建曲面，如图 5-1-8 所示。

由图 5-1-9 所示构建图形生成的曲面如图 5-1-10 所示。但应注意曲线端点只能作为主曲线，如图 5-1-11 所示。

图 5-1-8　创建曲面

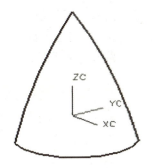

图 5-1-9　构建图形

图 5-1-10　创建曲面

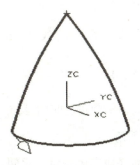

图 5-1-11　选择主曲线

由图 5-1-12 所示曲线网格创建的曲面如图 5-1-13 所示。

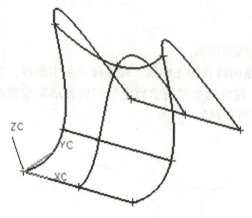
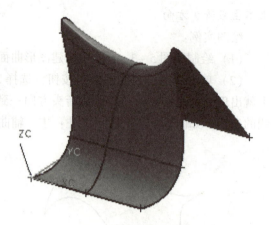

图5-1-12 曲线网格　　　　　图5-1-13 通过曲线网格创建的曲面

4. 扫描

以外形截面沿指定路径扫描出一个曲面。如果截面外形曲线是封闭曲线，则生成实体。

打开菜单"插入"→"扫描"→"扫描"，或单击"曲面"工具条中的"扫描"按钮。应先选择扫描引导线串，再选择截面线串，每确定一根截面线串，截面线串上便出现一个箭头方向，应保持箭头方向一致。

绘图实例：

（1）构建如图5-1-14所示图形。

（2）单击"曲面"工具条中的"扫描"按钮，选择扫描线串1，选择扫描线串2，两次单击"确定"按钮后，再选择截面线串。

（3）在随后弹出的对话框中都按默认值设定，创建的扫描曲面如图5-1-15所示。

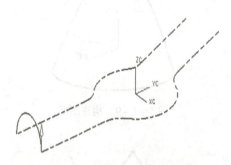

图5-1-14 指定引导线和截面线　　　　　图5-1-15 创建的扫描曲面

二、曲面编辑

主要介绍曲面倒圆角、曲面延伸、曲面偏置、曲面裁剪与曲面桥接等功能。

1. 曲面倒圆角

在两组曲面（或实体表面）之间建立光滑连接的过渡曲面。

打开菜单"插入"→"细节特征"→"圆角"，（或"面倒圆"），或单击"曲面"工具条中的"倒圆曲面"按钮，或单击"特征操作"工具条中的"面倒圆"按钮，系统弹出相应的对话框,输入倒圆角半径等参数,可生成两曲面之间倒圆曲面。

倒圆曲面两直纹曲面之间用 $R\ 8\ \mathrm{mm}$ 倒圆后的曲面如图 5 – 1 – 16 所示(注:倒圆之前应注意法矢量的方向)。

2. 曲面延伸

将某曲面按照要求延伸一定距离。单击"曲面"工具条中的"曲面延伸"按钮。

绘图实例:

(1)按照如图 5 – 1 – 17 所示选择曲面和边,生成曲面,单击"曲面"工具条中的"延伸"按钮,弹出"延伸"对话框。

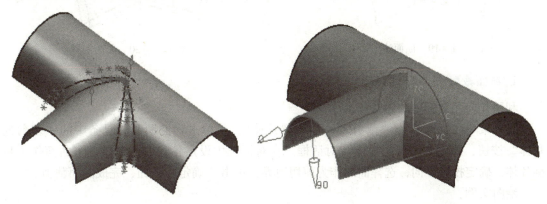

图 5 – 1 – 16　倒圆曲面　　　　　图 5 – 1 – 17　选择曲面和边

(2)单击"有角度的"按钮,选择曲面,再选择曲面上要延伸的一侧,该边上出现指示角度的方向箭头。

(3)系统弹出"相切延伸"对话框设置延伸长度,在"长度"文本框中输入"20",在"角度"文本框中输入"330",单击"确定"按钮完成延伸曲面,效果如图 5 – 1 – 18 所示。

3. 曲面偏置

以一个已存在的曲面为基准面,按照设定的距离及方向生成另一个曲面。

打开菜单"插入"→"偏置/比例"→"偏置",或单击"曲面"工具条中的"偏置曲面"按钮。选择

图 5 – 1 – 18　延伸曲面

一个曲面或多个曲面作为基准面,单击"确定"按钮,弹出"偏置曲面"对话框,设置偏置参数,生成等距偏置曲面(操作方法与 MaterCAM 软件基本相同)。如果是单个曲面不等距偏置,则单击"可变的"按钮,选择曲面的一个顶点,输入偏置值,再依次选择其他顶点和输入相应的偏置距离值,生成不等距偏置曲面。

绘图实例:

(1)构建如图 5 – 1 – 19 所示的曲面,单击"曲面"工具条中的"偏置曲面"按钮,选择两个直纹曲面作为基准面,单击"确定"按钮,弹出"偏置曲面"对话框。

(2)单击"使用已有的法向"按钮,系统提示曲面法向的箭头,如图 5 – 1 – 19 所示,如果法向要反向,则单击该曲面即可。

(3) 单击"确定"按钮,弹出"偏置曲面距离"对话框,设定偏置距离为"5",单击"确定"按钮,完成曲面偏置,如图 5-1-20 所示。

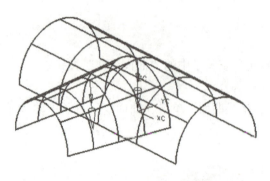
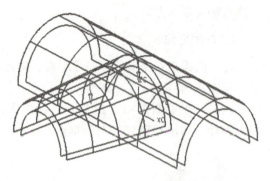

图 5-1-19　曲面法向箭头　　　　　　　图 5-1-20　曲面偏置

4. 曲面裁剪

利用几何元素修剪曲面。

打开菜单"插入"→"裁剪"→"修整片体",或单击"曲面"工具条中的"裁剪的片体"按钮,弹出"裁剪的片体"对话框。在对话框中设定各参数,选择一个曲面作为目标片体,确定投影方向,选择曲线作为剪切边界,单击"确定"按钮,完成曲面裁剪。

绘图实例:

(1) 绘制曲面,运用曲线工具绘制一条直线,如图 5-1-21 所示。

(2) 单击"曲面"工具条中的"裁剪的片体"按钮,弹出"裁剪的片体"对话框。在"投影沿着"下拉列表框中选择"面的法向",在"区域将"选项卡中选择"舍弃的"(鼠标单击目标片体的位置,落点区就是舍弃区域)单选按钮。

(3) 选择目标片体,再选择直线,单击"确定"按钮,目标片体沿裁剪直线被裁剪,如图 5-1-22 所示。

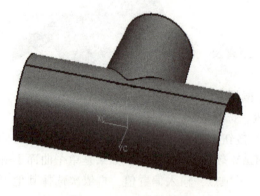
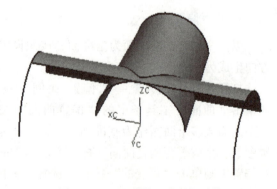

图 5-1-21　绘制直线　　　　　　　图 5-1-22　裁剪后的目标片体

5. 曲面桥接

在两个独立曲面之间创建一个接合面。

打开菜单"插入"→"细节特征"→"桥接",或单击"曲面"工具条中的"桥接"按钮,弹出"桥接"对话框。在"连续类型"选项卡中设定桥接方式,选择将要连接的两个主曲面，再选择侧边（视需要），单击"确定"按钮创建桥接曲面。

绘图实例：

（1）绘制如图 5-1-23 所示的图形。

（2）单击"曲面"工具条中的"桥接"按钮，弹出"桥接体"对话框，在"连续类型"选项中选择"相切"。

（3）连续选择桥接两主曲面，应注意对应方向。单击"确定"按钮，两次创建桥接曲面，如图 5-1-24 所示。

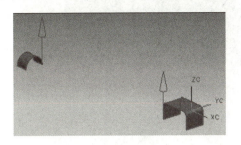

图 5-1-23　选择桥接两主曲面

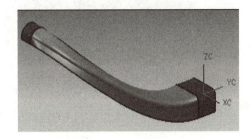

图 5-1-24　创建桥接曲面

> **小提醒**
>
> ➤目前，UG NX 12.0 版本软件在曲面建模方面功能相当强大，需要大家多在实践中进行训练。UG 曲面建模的命令很多，有很多命令具有相似的功能，大家应用时要多加区别。
>
> ➤UG 曲面造型功能强大，在以后练习中要多找生活用品来训练，按照工业产品的要求来训练画图，这样才能将曲面造型功能熟练掌握。

【任务实施】

一、下面以塑料凳子为例绘制曲面实体，图形如图 5-1-25 所示。

图 5-1-25　塑料凳子

操作步骤：

Step 1　启动 UG NX 12.0 软件，新建文件"塑料凳子"，路径自己根据情况给定。

Step 2 利用草图命令创建如图5-1-26所示扫掠曲面中的曲线，其中底边作为截面线，竖直线作为引导轨迹线，单击图5-1-1所示曲面工具中的"扫掠"，在对话框中按照提示选择截面线和轨迹线，参数选择默认，确定后得到曲面，如图5-1-26所示。

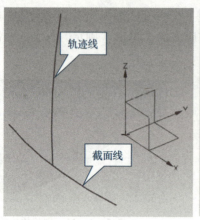
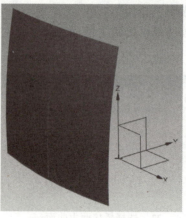

图5-1-26 扫掠曲面

Step 3 单击"阵列特征"按钮，在"布局"中选择圆形，选择要阵列的曲面，再选择旋转轴 Z 轴，在对话框中参数的设置如图5-1-27所示，单击"确定"得到图5-1-28所示效果。

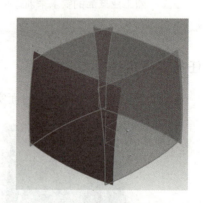

图5-1-27 "阵列特征"对话框　　　　图5-1-28 阵列曲面

Step 4 单击"面倒圆"命令，弹出"面倒圆"对话框，参数设置如图5-1-29所示，按照对话框提示选择"选择面1"和"选择面2"，选择时注意面的法线。单击"确定"完成一个面圆角的创建，同样的方法创建后续几个倒圆角。

Step 5 单击图5-1-1所示曲面工具中的"填充曲面"创建顶部曲面，按照提示选择上面四条曲线边，单击"确定"，完成填充面的创建，如图5-1-30所示。

项目五　3D打印

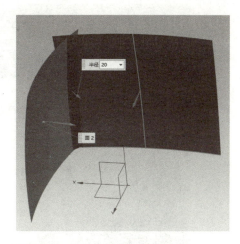

图 5-1-29　"面倒圆"对话框

Step 6　单击图 5-1-1 所示曲面工具中的"偏置曲面"按钮,在图 5-1-31 所示曲面中单击要偏置的曲面,偏置值输入"3",单击"确定",完成曲面偏置。

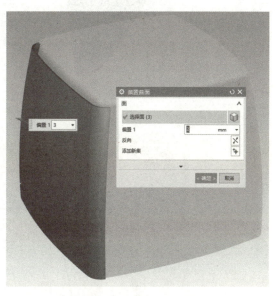

图 5-1-30　主体创建　　　　　　　　　　图 5-1-31　偏置曲面

Step 7　单击图 5-1-1 所示曲面工具中的"加厚"按钮,选择刚偏置后的曲面,方向向里,偏置值输入"5",单击"确定",完成加厚,如图 5-1-32 所示。

Step 8　单击"在任务环境中绘制草图",选择基准面创建如图 5-1-33 所示草图。完成后拉伸此曲线生成曲面。

Step 9　在主页工具条中单击"修剪体"按钮,目标选择要修剪的加厚体,工具选择刚拉伸的曲面,方向按照图 5-1-34 所示方向,单击"确定",完成修剪体。

199

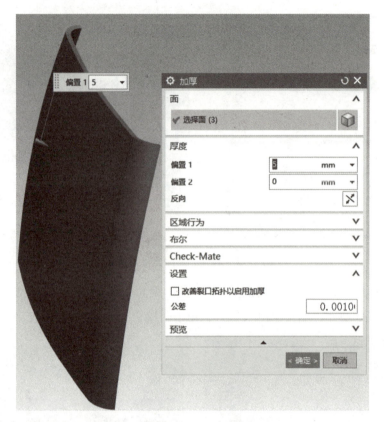

图 5-1-32 加厚

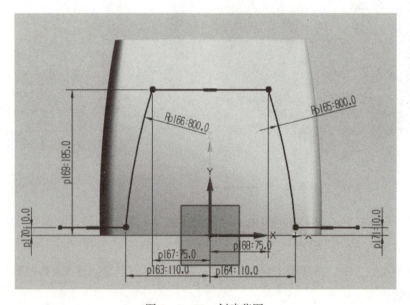

图 5-1-33 创建草图

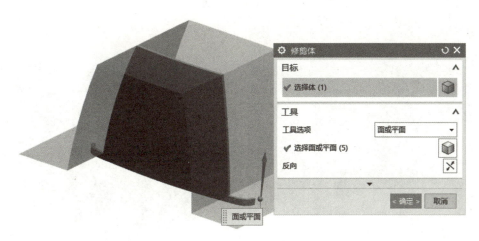

图 5-1-34 修剪体

Step 10 将刚修剪的实体进行"阵列特征",如图 5-1-35 所示。将图 5-1-30 所示曲面用"加厚"创建成实体,再将它和图 5-1-35 所示实体进行求和,效果如图 5-1-36 所示。

图 5-1-35 阵列特征   图 5-1-36 求和

Step 11 单击"在任务环境中绘制草图",选择如图 5-1-37 所示基准面创建草图。完成后拉伸此曲线生成实体。把拉伸实体进行"阵列特征",如图 5-1-38 所示;布尔求差后效果如图 5-1-39 所示,阵列后如图 5-1-40 所示。

Step 12 在主页界面中单击"基准平面"按钮,选择凳子上表面向内偏移"20",如图 5-1-41 所示。单击"在任务环境中绘制草图",选择刚创建的平面作为草图平面,绘制加强筋的草图,如图 5-1-42 所示。

Step 13 在主页界面特征工具条中单击"筋板"按钮(图 5-1-43),选择草图曲线,输入参数,如图 5-1-44 所示。注意筋板的生成方向,厚度输入"4",单击"确定",完成筋板的创建。

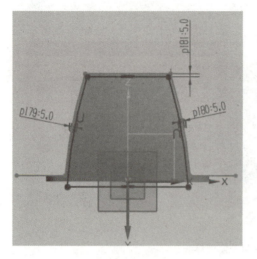

图 5-1-37 偏置草图

图 5-1-38 拉伸和阵列

图 5-1-39 求差

图 5-1-40 完成外形

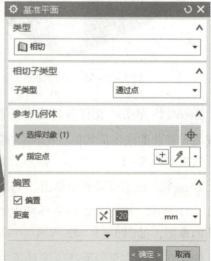

图 5-1-41 创建基准平面

项目五　3D打印

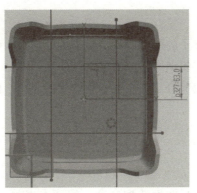

图 5-1-42　绘制加强筋草图

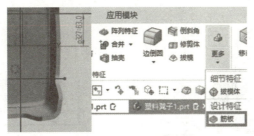

图 5-1-43　筋板

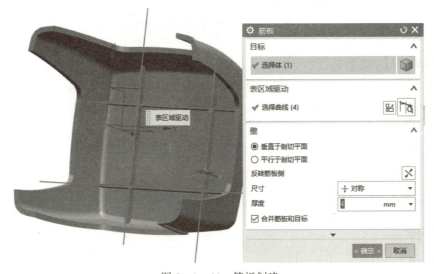

图 5-1-44　筋板创建

> **小提醒**
>
> UG NX 12.0 中曲面的很多工具条有所变化，功能越来越强大，需要在实践绘图中不断总结，只有多练习，才能学好 UG 曲面造型功能。

203

【任务总结】

本任务主要进行了塑料凳子的造型设计，凳子的外形由曲面组成，绘制过程中能训练学生的曲面造型能力，该任务主要训练扫掠命令以及曲面编辑命令。另外在基准平面的创建也是训练的重要内容，曲面的裁剪分割等需要学生熟练的应用，课后要多加训练总结。

知识拓展

网格曲面也是 UG 中的重要曲面造型命令，阅读本书关于网格全面命令的使用，参照图 5-1-45 绘制头盔的外形。

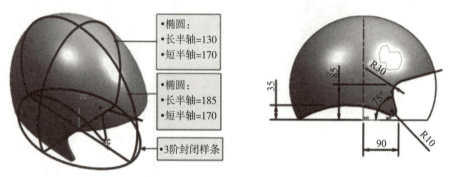

图 5-1-45　头盔外形的绘制要求

【任务评价】

评价内容				学生姓名				评价日期			
评价项目	学生自评				生生互评				教师评价			
	优	良	中	差	优	良	中	差	优	良	中	差
课堂表现												
回答问题												
作业态度												
知识掌握												
综合评价			寄语									

任务二 凳子3D打印

【任务目标】

知识目标：（1）知道3D打印技术与普通概念打印机的不同之处。
　　　　　（2）知道塑料凳子3D打印的过程。
技能目标：（1）会操作3D打印机。
　　　　　（2）会利用切片软件进行实体切片。
　　　　　（3）会设置3D打印参数，并打印产品。

【任务分析】

本任务主要介绍3D打印技术的概述，通过资料学习、思考问题及网络自学等方式引导学生构建关于3D打印技术的基础知识体系，同时通过实例学会3D打印软件的操作，为今后的3D打印实训打下基础。

【知识准备】

一、3D打印与普通概念打印机的不同之处

3D打印的想法早在几十年前就已提出，只是没有能够研发成功。设计师能在计算机软件中看到虚拟的三维物体，但要将这些物体用黏土、木头或者金属做成模型却非常不易。3D打印的出现，使平面变成立体的过程一下简单了很多，设计师的任何改动都可在几个小时后或一夜之间被重新打印出来，而不用花上几周时间等着工厂把新模型制造出来，这样一来可以大大降低制作成本。

在日常生活中，我们所使用的普通打印机可以打印计算机设计的平面图形，而顾名思义，3D打印机则可以打印立体的物体。3D打印机与普通打印机的工作原理基本相同，只是所用的打印材料是真实的物体材料。

普通打印机的打印材料是墨水和纸张，而3D打印机材料盒内装有塑料、尼龙、玻璃、金属、陶瓷、塑料、石膏等不同的"打印材料"，是实实在在的原材料。打印机与计算机连接后，通过计算机控制可以把"打印材料"一层层叠加起来，最终把计算机上的蓝图变成实物。

通俗地说，3D打印机是可以"打印"出真实3D物体的一种设备，比如打印一个玩具人偶、玩具手枪、各种生活用品，甚至是巧克力。之所以通俗地称其为"打印机"，是因为这项技术参照了普通打印机的技术原理，分层加工的过程与喷墨打印十分相似，所以这项打印技术被称为3D立体打印技术。图5-2-1所示为先临3D打印机。

二、3D 打印成型方式

使用普通打印机打印一张照片，按下计算机屏幕上的"打印"按钮，一份数字文件便被传送到一台喷墨打印机上，它将一层墨水喷到纸的表面以形成一幅二维的照片。而使用 3D 打印机时，先通过 CAD 计算机辅助设计软件制作一个 3D 模型，然后对其进行切片分析，并将这些切片的信息传送到 3D 打印机上，后者会将连续的薄型层面堆叠起来，直到一个固态物体成型。3D 打印机与传统打印机最大的区别在于它使用的"墨水"是实实在在的原材料。

【任务实施】

本例创建的凳子 3D 模型如图 5-2-2 所示。

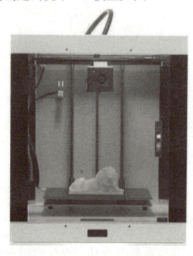
图 5-2-1　先临 3D 打印机

图 5-2-2　凳子 3D 模型

思路分析：首先打开先临"Shining3dcura"软件打开基体；然后设置参数，再进行切片；最后进行 3D 打印。其创建流程如图 5-2-3 所示。

知识要点：打开文件；设置参数；切片；3D 打印。

创建步骤：

1. 打开软件

单击桌面"Shining3dcura"快捷方式打开软件，如图 5-2-4 所示。

2. 打开"塑料凳子 1. stl"文件

单击菜单栏中 Load 图标，选择"塑料凳子 1. stl"文件，如图 5-2-5 所示。

3. 设置参数

Step 1 初次使用机器，首先设置"基本"选项卡，如图 5-2-6 所示。

Step 2 第二步设置"高级"选项卡，如图 5-2-7 所示。

Step 3 进入"专业设置"，如图 5-2-8 所示。

Step 4 进行"专业设置"，如图 5-2-9 所示。

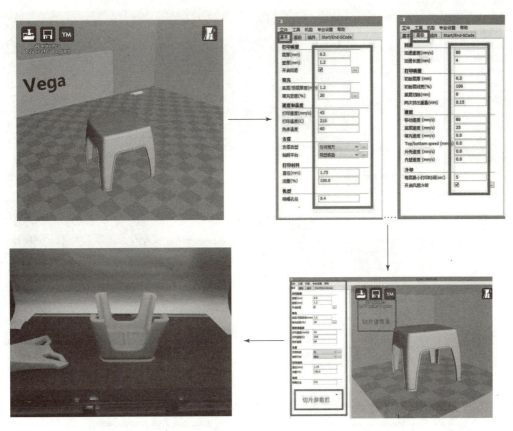

图 5-2-3　3D 打印凳子流程

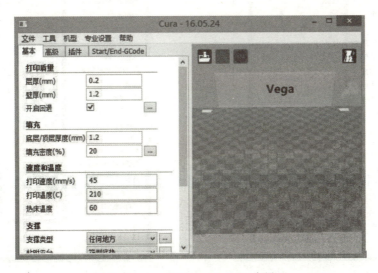

图 5-2-4　"Shining3dcura" 主界面

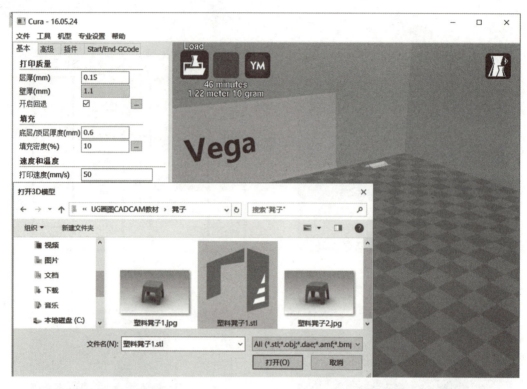

图 5-2-5 打开"塑料凳子1.stl"文件

图 5-2-6 "基本"选项卡   图 5-2-7 "高级"选项卡

项目五　3D打印

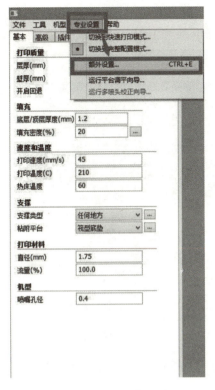

图5-2-8　进入"专业设置"

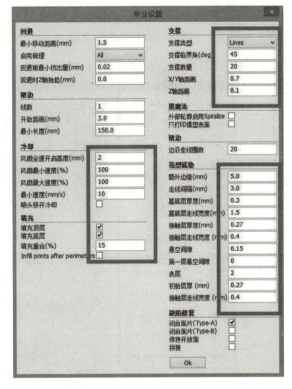

图5-2-9　进行专业设置

4. 观察模型

模型的旋转、放大、缩小以及查看支撑的情况，如图5-2-10所示。

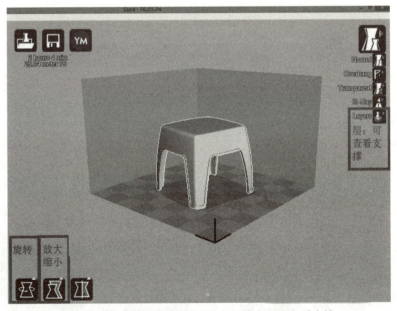

图5-2-10　模型的旋转、放大、缩小以及查看支撑

209

5. 模型切片

文件导入后软件将自动按照参数设置进行切片，切片进度由模型视图窗口上方进度条显示，如图 5-2-11 所示。

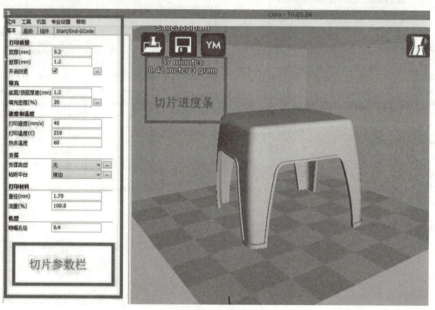

图 5-2-11 模型切片

6. 导出文件

切片完成导出 gcode 文件。单击保存按钮，选择路径，确认文件名（仅限英文字母或数字），如图 5-2-12 所示。

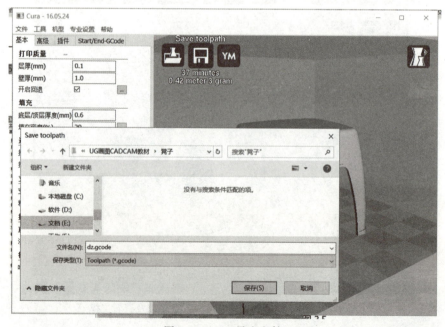

图 5-2-12 导出文件

7. 导入 SD 卡

将保存好的 gcode 文件下载到 SD 卡中，插入机器卡槽进行打印，如图 5-2-13 所示。

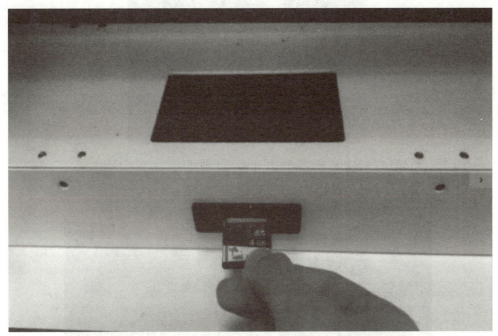

图 5-2-13　导入 SD 卡

8. 机器调平

所有出厂机器都已调试好，如果认为已动过，可以根据以下方式进行校对。标准：喷嘴与平台之间的距离以一张 A4 纸能在两点之间顺利通过为标准，以喷嘴与平台距离最小但又不会刮到平台为最佳调试状态。调平时注意观察打印区域。

Step 1　打开电源开关，进入菜单操作界面，单击菜单中"调平"按钮，如图 5-2-14 所示。

Step 2　Vega 为半自动调平，单击三个圆点，定点调平，如图 5-2-15 所示。

图 5-2-14　机器调平

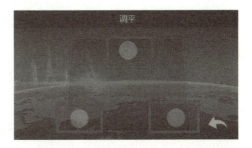

图 5-2-15　调平界面

Step 3　通过打印平台下方 3 个螺钉旋钮按照标准来进行调平，如图 5-2-16 所示。

Step 4　以一张 A4 纸能正常通过作为标准，如图 5-2-17 所示。

图 5-2-16 调平螺钉

图 5-2-17 标准

9. 基本打印操作流程

Step 1 组装料架。打开配件包装盒，组装料架，如图 5-2-18 所示。

Step 2 预热，如图 5-2-19 所示。

Step 3 进料。等待打印温度达到 220℃ 时，单击"进料"，当手感觉到有吸入的情形时，方可松手，如图 5-2-20 所示。

Step 4 打印。单击"打印"，选择文件，如图 5-2-21 所示。

Step 5 取出模型。用铲刀的斜口把旁边翘起就可以取下模型，如图 5-2-22 所示。

Step 6 退料。退料时注意：当材料往外退时，手扶住材料稍微用力向外拉（提醒：待喷嘴温度加热到 220℃ 时，机器才会开始退料），如图 5-2-23 所示。

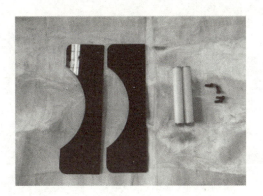

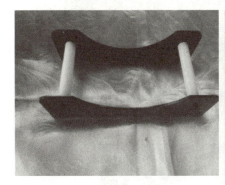 

图 5-2-18 组装料架

图 5-2-19 预热

图 5-2-20 进料

图 5-2-21 打印

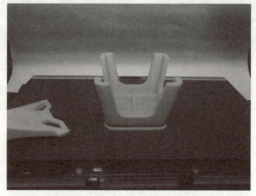

图 5-2-22 取出模型

项目五　3D打印

图 5-2-23　退料

【任务总结】

本任务主要进行了 3D 打印凳子的软件及实际操作加工。3D 打印是 1985 年前后由美国兴起的一种成型技术，由扫描或者三维建模得到三维数字模型，然后将切片后的模型输入打印机，分层打印并逐层粘合或者融合，最终得到三维实体。3D 打印是一种增材制造快速成型技术，3D 打印一般与数字化技术结合，其核心思想是分层制造。

 知识拓展

　　3DOne 是国内首款青少年三维设计创意软件，该软件实现了 3D 设计和 3D 打印软件的直接连接，并提供丰富的案例库，包括本地磁盘和网络云盘资源，为中小学生提供一个简单易用、自由畅想的 3D 设计平台。

　　这款 3DOne Plus 软件是 3DOne 推出的 3D 打印设计软件，3DOne 的进阶版，在 3DOne 教育版的基础上增加了动画装配功能，曲面建模效果更优秀，是开发青少年三维设计能力的绝佳选择。

　　让 3D 设计更无限强大、优秀的曲面造型和修补功能，可极大地开拓设计师的建模思路和创意，内嵌智能装配与动画效果制作，让青少年创客们体验生动形象的 3D 新体验，因此适合广大青少年的创新研发制作。

CAD/CAM软件应用技术

【任务评价】

评价内容					学生姓名				评价日期			
评价项目	学生自评				生生互评				教师评价			
	优	良	中	差	优	良	中	差	优	良	中	差
课堂表现												
回答问题												
作业态度												
知识掌握												
综合评价					寄语							

任务三 涡轮的绘制

【任务目标】

（1）了解 UG 曲面建模的步骤。
（2）掌握 UG 曲面绘制命令的方法。
（3）掌握用 UG 软件进行曲面编辑的方法、保存 STL 格式的方法。

【任务分析】

涡轮是典型的曲面，也是典型的机械零件，在机械设计与制造中是最常见的一类零件，它的建模思路很具有代表性。本任务在教学时不求将每个命令的操作讲解得详细透彻，只需根据该任务的需要讲解必要的参数设置，避免参数过多让学生产生畏难情绪。

【知识准备】

涡轮是在汽车或飞机发动机中的风扇，通过利用废气把燃料蒸气吹入发动机，以提高发动机的性能。涡轮是一种将流动工质的能量转换为机械功的旋转式动力机械。它是航空发动机、燃气轮机和蒸汽轮机的主要部件之一。

涡轮叶片是燃气涡轮发动机中涡轮段的重要组成部件。高速旋转的叶片负责将高温高压的气流吸入燃烧器，以维持发动机的工作。为了能保证在高温高压的极端环境下稳定长时间工作，涡轮叶片往往采用高温合金锻造，并采用不同方式加以冷却，例如内部气流冷却、边界层冷却，或者采用保护叶片的热障涂层等方式来保证运转时的可靠性。在蒸汽涡轮发动机

项目五 3D打印

和燃气涡轮发动机中,叶片的金属疲劳是发动机故障最主要的原因。强烈的振动或者共振都有可能导致金属疲劳。工程师往往采用摩擦阻尼器来降低这些因素对叶片的损害。

因此涡轮的设计是机械设计工程师常见的工作,下面以涡轮为典型零件学习涡轮的绘制。

【任务实施】

下面以涡轮为例绘制曲面实体,图形如图 5-3-1 所示。

操作步骤:

Step 1 启动 UG NX 12.0 软件,新建文件"涡轮",路径自己根据情况给定。

Step 2 利用草图命令创建如图 5-3-2 所示涡轮草图中的曲线,单击特征工具条中的"旋转",旋转如图 5-3-3 所示旋转轴,在对话框中按照提示在"角度"文本框中输入"360",其余参数选择默认,确定后得到实体,如图 5-3-3 所示。

图 5-3-1 涡轮

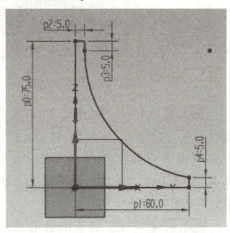

图 5-3-2 涡轮草图

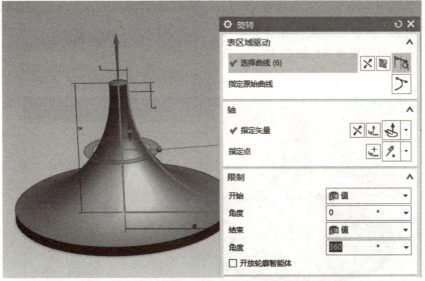

图 5-3-3 旋转实体

Step 3 利用草图命令在 YZ 平面创建如图 5-3-4 所示"绘制叶片草图一"中的曲线，作为叶片的一个轮廓。

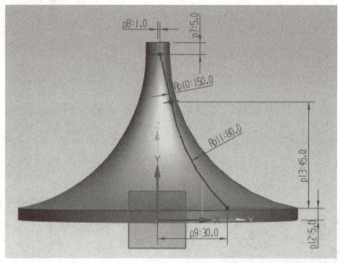

图 5-3-4 绘制叶片草图一

Step 4 在特征工具条中单击"基准平面"按钮，创建与 YZ 相距 65 mm 的平面。利用草图命令在刚创建的平面内创建如图 5-3-5 所示"绘制叶片草图二"中的曲线，作为叶片的另一个轮廓。

Step 5 在特征工具条中单击"基准平面"按钮，创建与 XY 相距 5 mm 的平面。继续创建叶片上端基准平面，如图 5-3-6、图 5-3-7 所示。选择上端实体轮廓圆即可创建平面，或者用与底面 XY 相距 70 mm 来创建平面。

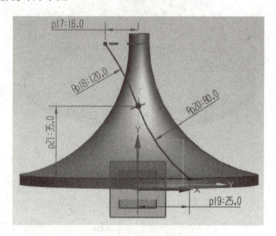

图 5-3-5 绘制叶片草图二

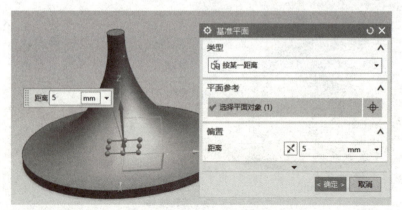

图 5-3-6 基准平面一

图 5-3-7 基准平面二

Step 6 利用草图命令在上端基准平面中创建如图 5-3-8 所示"绘制叶片草图三"中的曲线,作为叶片的一个轮廓。利用草图命令在下端基准平面中创建如图 5-3-9 所示"绘制叶片草图四"中的曲线,作为叶片的一个轮廓。在绘制草图曲线时与原有曲线端点必须约束相连。

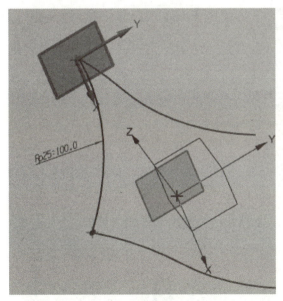

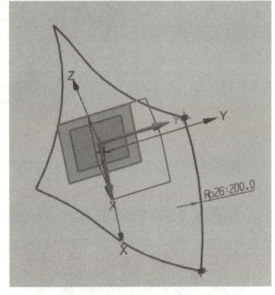

图 5-3-8 绘制叶片草图三　　　　　图 5-3-9 绘制叶片草图四

Step 7 单击图 5-1-1 所示曲面工具中的"通过曲线网格"创建叶片曲面,按照提示选择上面两条主曲线和两条交叉曲线。单击"确定",完成网格曲面的创建,如图 5-3-10 所示。

Step 8 单击图 5-1-1 所示曲面工具中的"加厚",将叶片曲面加厚 2 mm,按照对话框提示设置参数,如图 5-3-11 所示。

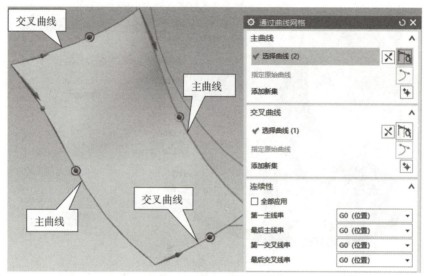

图 5-3-10 叶片曲面

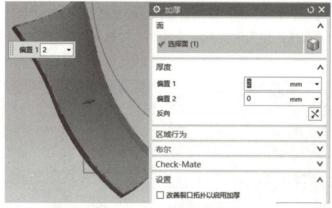

图 5-3-11 加厚叶片曲面

Step 9 在特征工具条中单击"阵列特征"命令，将叶片实体阵列为 8 个，如图 5-3-12 所示。

Step 10 利用草图命令在 YZ 平面创建图 5-3-13 中的曲线，作为叶片修剪的一个轮廓。

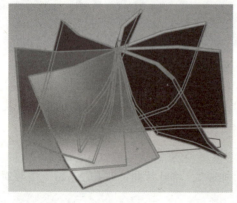

图 5-3-12 阵列叶片实体 8 个

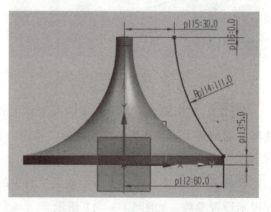

图 5-3-13 在 YZ 面创建草图

Step 11 利用特征工具条中的"旋转"命令,将刚才创建的曲线旋转成曲面,作为叶片修剪的一个曲面,如图 5-3-14 所示。

图 5-3-14 旋转成曲面

Step 12 单击特征工具条中布尔"合并"命令,将目前所生成的所有实体进行求和,合并成一个实体。

Step 13 单击特征工具条中的"修剪体"命令(图 5-3-15),选择曲面作为工具,修剪叶片,确定后得到如图 5-3-16 所示实体。

图 5-3-15 修剪体

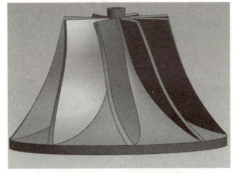

图 5-3-16 修剪后实体

221

Step 14 利用草图命令在 YZ 平面创建如图 5-3-17 所示"内部修剪轮廓"中的曲线，作为叶轮内部修剪的一个轮廓。

Step 15 利用特征工具条中的"旋转"命令，将刚才创建的曲线旋转成实体，在布尔运算中选择"减"，得到最终实体外形。

Step 16 利用特征工具条中的"孔"命令，在实体最上表面中心（图 5-3-18）处创建一个直径为 6 mm 的通孔。"孔"对话框如图 5-3-19 所示。单击"确定"，完成涡轮实体的创建。

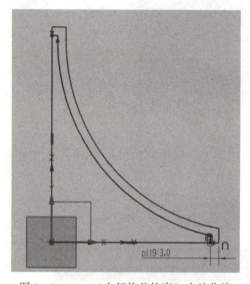

图 5-3-17 "内部修剪轮廓"中的曲线

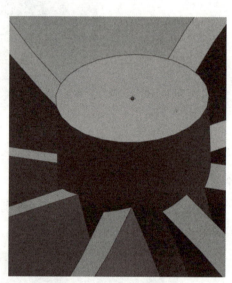

图 5-3-18 上表面中心

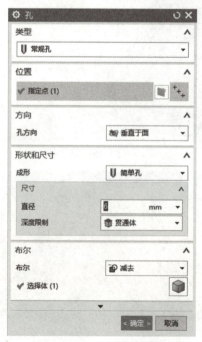

图 5-3-19 "孔"对话框

【任务总结】

本任务主要进行了涡轮的造型设计,涡轮的外形由曲面组成,绘制过程中能训练学生的曲面造型能力。该任务主要训练网格曲面以及曲面编辑命令。另外,在基准平面的创建也是训练的重要内容,曲面的裁剪分割等需要学生熟练应用,课后勤加训练总结。

 知识拓展

UG 中的曲面造型命令相当多,根据已经学习过的命令操作方法,绘制如图 5-3-19 所示的图。

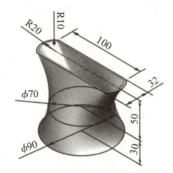

图 5-3-19 知识拓展要求绘制的图

【任务评价】

评价内容				学生姓名				评价日期			
评价项目	学生自评				生生互评				教师评价			
	优	良	中	差	优	良	中	差	优	良	中	差
课堂表现												
回答问题												
作业态度												
知识掌握												
综合评价		寄语										

任务四　涡轮3D打印

【任务目标】

知识目标：(1) 知道3D打印技术的优缺点。
　　　　　(2) 知道涡轮3D打印的过程。
技能目标：(1) 会操作3D打印机。
　　　　　(2) 会利用切片软件进行实体切片。
　　　　　(3) 会设置3D打印参数，并打印产品。

【任务分析】

本任务主要介绍3D打印技术的优缺点和应用领域，通过学习资料、思考问题及网络自学等方式引导学生构建关于3D打印技术的基础知识体系，同时通过实例学会3D打印软件的操作，为今后的3D打印实训打下基础。

【知识准备】

如果只把3D打印当作一种快速成型技术，优点是非常明显的。随着在工业领域的应用，3D打印使设计、创意与生产分开，可以实现减少库存的生产，等于提供了新的商务模式，势必会引起制造业的变革。但目前3D打印的技术还存在很多难题，如加工精度、材料应用等方面，因此其在制造业的应用不是一时半刻能够普遍实现的。

一、3D打印的优点

3D打印突破了历史悠久的传统制造的限制，为日后的创新提供了舞台。首先，3D打印技术可以加工传统方法难以制造的零件。过去传统的制造方法就是一个毛坯，把不需要的地方切除掉，是多维加工的，或者采用模具，把金属和塑料融化灌进去得到所需的零件。对复杂的零部件来说，这样的加工过程非常困难。立体打印技术对于复杂零部件而言具有极大的优势，立体打印技术可以打印非常复杂的东西。

其次，3D打印技术实现了零件的近净成型，这样后期辅助加工量大大减小，避免了委外加工的数据泄密和时间跨度，尤其适合一些高保密性的行业，如军工、核电领域。而且，由于制造准备和数据转换的时间大幅减少，单件试制、小批量生产的周期和成本降低，特别适合新产品的开发和单件小批量零件的生产。

诸如速度快、高易用性等优势使得3D打印成为一种潮流，并且在多领域得到了应用。如今3D打印机已经在建筑设计、医疗辅助、工业模型、复杂结构、零配件、动漫模型等领域都有了一定程度的应用。尤其在飞机、核电和火电等使用重型机械高端精密机械的行业，3D打印技术"打印"的产品是自然无缝连接的，结构之间的稳固性和连接强度要远远高于传统方法。

优点总结有以下几条：

（1）节省工艺成本：制造一些复杂的模具不需要增加太大成本，只要量身定做，多样化小批量生产即可。

（2）节省流程费用：有些零件无须组装，直接一次成型。

（3）设计空间无限：设计空间无限扩大，只有想不到的，没有打印不出来的造型。

（4）节省运输和库存：零时间交付，甚至省去了库存和运输成本，只要家里有打印机和材料，直接下载3D模型文件即可。

（5）减少浪费：减少测试材料的浪费，直接在计算机上测试模型即可。

（6）精确复制：材料可以任意组合，并且可以精确地复制实体。

二、缺点

事实上，3D打印技术要成为主流的生产制造技术还尚需时日。3D打印机在21世纪初的实际使用仍属于快速成型范畴，即为企业在生产正式的产品前提供产品原型的制造，业内也将这类原型称作手板。据统计，3D打印机生产的产品中80%依旧是产品原型，仅有20%是最终产品。虽然3D打印在21世纪初已取得不小的进步，比如材料增多、打印机和原材料价格逐渐下降，但目前依旧是一项"年轻"的技术，在没有变得更加成熟和廉价前，并不会被企业大规模采用。

缺点总结有以下几条：

（1）材料昂贵：研究者们在多材料打印上已经取得了一定的进展，但除非这些进展达到成熟并有效，否则材料依然会是3D打印的一大障碍。

（2）机器种类无法满足所有人：由于打印实物的需求五花八门，以现有的机器种类来看，还无法满足所有人的需求。

（3）知识产权问题：如何制定3D打印的法律法规用来保护知识产权，也是我们面临的问题之一，否则就会出现泛滥的现象。

（4）道德底线问题：如果有人打印出生物器官或者活体组织，是否有违道德？我们又该如何处理呢？如果无法尽快找到解决方法，相信我们在不久的将来会遇到极大的道德挑战。

（5）单件价格成本高：现在3D打印都是按克来算钱的，所以打印一件成品的价格还是有些偏高。

【任务实施】

本例创建的涡轮3D模型如图5-4-1所示。

思路分析：首先打开先临"Shining3dcura"软件打开基体；然后设置参数；再进行切片；最后进行3D打印。其创建流程如图5-4-2所示。

知识要点：打开文件；设置参数；切片；3D打印。

创建步骤：

1. 打开软件

单击桌面"Shining3dcura"快捷方式打开软件，如图5-4-3所示。

图 5-4-1 涡轮 3D 模型

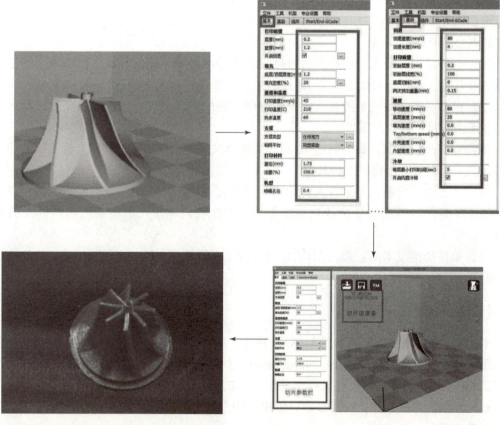

图 5-4-2 3D 打印涡轮流程

项目五　3D打印

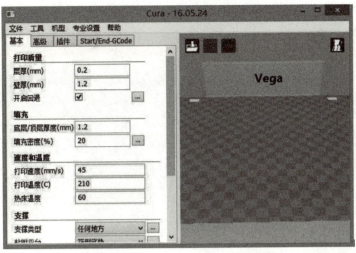

图 5-4-3　"Shining3dcura"主界面

2. 打开"涡轮 1. stl"文件

单击菜单栏中 Load 图标，选择"涡轮 1. stl"文件，如图 5-4-4 所示。

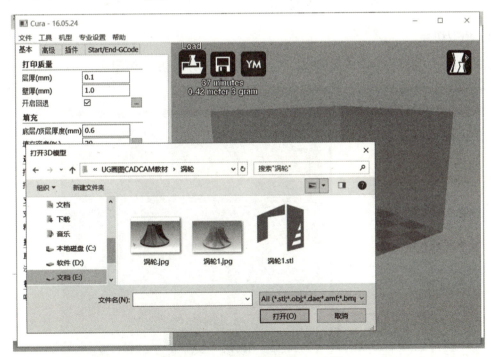

图 5-4-4　打开"涡轮 1. stl"文件

3. 设置参数

见任务二相关内容。

4. 观察模型

模型的旋转、放大、缩小以及查看支撑的情况，如图 5-4-5 所示。

227

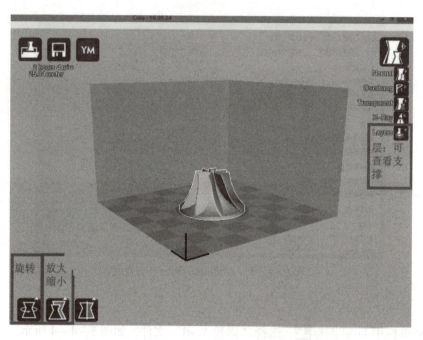

图 5-4-5　模型的旋转、放大、缩小以及查看支撑

5. 模型切片

文件导入后软件将自动按照参数设置进行切片，切片进度由模型视图窗口上方进度条显示，如图 5-4-6 所示。

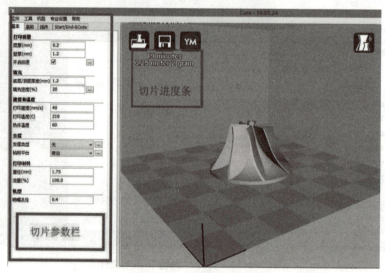

图 5-4-6　模型切片

6. 导出文件

切片完成导出 gcode 文件。单击保存按钮选择路径，确认文件名（仅限英文字母或数字），如图 5-4-7 所示。

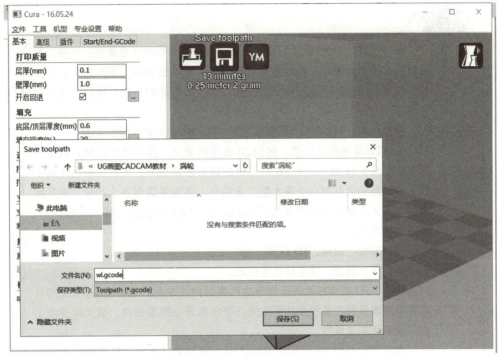

图 5-4-7 导出文件

7. 导入 SD 卡

将保存好的 gcode 文件下载到 SD 卡中，插入机器卡槽进行打印。

8. 机器调平

见任务二相关内容。

9. 基本打印操作流程

见任务二相关内容。

取出模型，如图 5-4-8 所示。

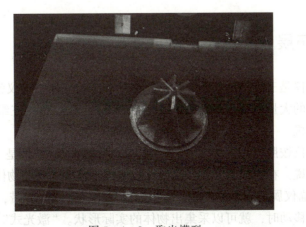

图 5-4-8 取出模型

> **小提醒**
>
> 3D 打印技术是快速成型技术的一种，它运用粉末状金属或塑料等可黏合材料，通过一层又一层的多层打印方式，来构造物件。模具制造、工业设计常将此技术用于建造模型，现在正向产品制造的方向发展，形成"直接数字化制造"。
>
> 发展历史：3D 打印技术起源于 20 世纪 80 年代中后期的美国，当时的 3D 打印机非常大而且昂贵。经过 20 多年的发展，技术逐渐成熟，机器也渐渐小型化，21 世纪以来 3D 打印机的销售领域逐渐扩大，价格也开始下降，并从最初面向制造业等大型工业用户，逐渐渗透到各个行业，近几年开始向个人及家庭等消费领域扩张。如今，3D 打印的商业模式逐渐成熟，产业链基本成形。
>
> 应用领域：目前，3D 打印已经广泛应用于军工、航天、医学、建筑、汽车、电子、服装、珠宝首饰等领域。
>
> 优点：3D 打印技术能够快速生产高端的定制化产品。3D 打印技术可以在不用模具和工具的条件下生成几乎任意复杂的零部件，极大地提高了生产效率和制造柔性。
>
> 本书中提到的 3D 打印机是经济型、学习型打印机，打印材料是环保材料 PLA，一般只能作为模型制作使用，不要跟工业级打印机混淆。

【任务总结】

本任务主要介绍了 3D 打印涡轮的软件及实际操作步骤，阐述了 3D 打印的过程。桌面式 3D 打印机使用融化沉积法（FDM 法）将 PLA 材料融化后通过挤出头，按照 3D 模型数据进行逐层涂布堆积成型。优缺点：PLA 材料较为环保，成品强度大、刚度高，尺寸稳定性好，适于制作组件；但打印材料受限制，打印主体完成后需要手工清理。

知识拓展

三维立体扫描仪是三维扫描仪的一种形象称呼。三维立体扫描仪就是测量实物表面的三维坐标点集，得到的大量坐标点的集合称为点云（Point Cloud）。三维扫描俗称抄数，所以大家又称它为抄数机。

三维光学扫描仪按照原理分为 2 种：一种是"照相式"；一种是"激光式"。两者都是非接触式，也就是说，在扫描的时候，这两种设备均不需要与被测物体接触。

"激光式"扫描仪属于较早的产品，由扫描仪发出一束激光光带，光带照射到被测物体上并在被测物体上移动时，就可以采集出物体的实际形状。"激光式"扫描仪一般要配备关节臂。

"照相式"扫描仪是针对工业产品涉及领域的新一代扫描仪,与传统的激光扫描仪和三坐标测量系统比较,其测量速度提高了数十倍。由于有效地控制了整合误差,所以整体测量精度也大大提高了。其采用可见光将特定的光栅条纹投影到测量工作表面,借助两个高分辨率 CCD 数码相机对光栅干涉条纹进行拍照,利用光学拍照定位技术和光栅测量原理,在极短时间内获得复杂工作表面的完整点云。其独特的流动式设计和不同视角点云的自动拼合技术使扫描不需要借助于机床的驱动,扫描范围可达 12 m,而扫描大型工件则变得高效、轻松和容易。其高质量的完美扫描点云可用于汽车制造业中的产品开发、逆向工程、快速成型、质量控制,甚至可实现直接加工。

【任务评价】

评价内容				学生姓名				评价日期			
评价项目	学生自评				生生互评				教师评价			
	优	良	中	差	优	良	中	差	优	良	中	差
课堂表现												
回答问题												
作业态度												
知识掌握												
综合评价				寄语								

参 考 文 献

[1] 王荣兴. 加工中心培训教程 [M]. 北京：机械工业出版社，2006.
[2] 郑贞平，张小红. UG NX 4.0 中文版数控加工典型范例教程 [M]. 北京：电子工业出版社，2007.
[3] 薛智勇，师艳侠. CAD/CAM 软件应用技术——UG [M]. 北京：北京理工大学出版社，2012.